不失敗甜點配方 與實作關鍵 Q&A

烘焙新手變達人，千錘百煉的必成功配方、
20 年實做 Q & A 精華

王安琪 著

朱雀文化

透過反覆不斷的練習，
才能成就完美的西點。

　　愛烘焙的朋友們，大家好！一打開這本書，就即將展開前往甜點之旅的旅途囉！本書中的甜點，從簡單基礎的品項，到需要一點技巧的高難度點心，都是我個人非常喜愛的，同時也是我做過無數回並累積成功經驗的配方，平常只隨意記在電腦中，沒想到竟然決定出版成冊，與眾多烘友分享，真是令人雀躍。

　　很多烘焙初入門的朋友想知道「戚風蛋糕」與「海綿蛋糕」有什麼不同？蛋糕捲是不是很難製作？「派」和「塔」又有什麼不一樣？餅乾是最簡單製作的品項嗎？如何做出無麵粉蛋糕？快速做出蛋糕的方法？書中針對烘焙時可能發生的各種問題，除了在每一道點心的 **points** 中有說明，更在每一種類甜點的最前面，以 **Q** & **A** 一問一答的方式詳細的解答，希望大家能在閱讀後，減少操作中的失誤。

　　近年由於法式甜點席捲全球，烘焙教室常要求我教授法式甜點，因此在不斷練習之下，手藝越來越精準，並研究出最容易成功的馬卡龍配方、可麗露做法，在這本書中也都有詳細的介紹。

　　研究食譜、製作甜點，一直是我的最愛。回首與甜點相處，已經累積不算短的一段時日，從青澀小女孩單純喜歡吃蛋糕，一直到成為年近半百的熟齡婦人，未來即使再過許多年，相信我對甜點的熱愛仍然不會改變。

　　甜點的世界總是甜蜜，不論是品項還是人。這本食譜能夠順利完成，要特別感謝三位年輕的小妞（陳衍儒、張馥亘、林香君），爽快地答應幫忙，陪伴我挑戰這個任務。更感恩長期合作的出版社再次給我這個機會，讓我在做中學、學中做。唯有反覆不停地練習，才能造就出完美的作品。期望每位對烘焙有興趣的烘友，都能在這個小小的領域，發揮大大的潛力。

王安琪

必看 製作甜點前 **7** 大重點

1 食譜建議的「烘烤時間、烤箱溫度」，是依照拍攝當時的情況設定，會受到模型尺寸、天氣溫濕度、烤箱狀況和製作數量等因素影響。所以操作時，要根據現場狀況調整，尤其難度較高的點心，更要憑經驗控制烤溫和時間。

2 在本書中，我將每道食譜標上「★～★★★」代表難易程度。通常「★」是屬於基本入門、短時間內能學會、最好要學會的基本款（因為會運用在其他點心上）；「★★」是難度略增，需要練習幾次才能成功的；「★★★」則是運用的技巧較多、較難、步驟較多，或是材料多層堆疊，必須具備扎實烘焙基本工，熟悉烘焙流程，屬於具挑戰的經典甜點。

3 製作塔派、餅乾麵團時，不要因為麵團黏手就一直撒手粉，太多手粉會造成產品的口感不好，皮變得乾硬，入口不酥脆。發現黏手時的最好辦法，就是將麵團再放回冰箱冷凍，確認麵團夠硬了，再取出快速整型入模。

4 所有製作餅乾的奶油，都可以改用品質更好的發酵奶油；細砂糖和糖粉也可以改用口味獨特的進口糖，不同材料更能凸顯餅乾的特殊風味與口感。

5 所有可以室溫保存的餅乾，都建議放入密封盒罐內，搭配乾燥劑保存。更進階的做法，是單獨裝入袋中封口保存。記得在罐子內放一張紙，寫明製造日期。

6 烘烤蛋糕時，通常烤到第 15 分鐘時，要檢查蛋糕的表面是否變乾、變色？如果有上述情況，必須將烤盤前、後、左、右對調，也就是烘焙師傅常說的「調頭」，並且視上色情況決定是否降低烤溫。降低的範圍通常在 **20°C** 左右。

7 如果想知道自家烤箱的烤溫是否正確，建議添購烤箱用溫度計。在烘烤點心時，把溫度計放入烤箱內測量。溫度計放的位置不同，也可能造成指針上的溫度與烤箱設定的溫度略有差異，建議多試幾次，以確認烤箱溫度。

目錄 CONTENTS

以下目錄中附有圖片的，代表烘焙新手短時間內能學會的入門款甜點。其他甜點以文字呈現，更詳細的難易度建議，可參照 P.8 ～ 9、P.90 ～ 91、P.128 ～ 129。

Part2

餅乾 × 塔 × 派
COOKIE × TART × PIE

Part3

慕斯×布丁 ×其他點心
MOUSSE×PUDDING ×OTHER DESSERT

烤布蕾　140

馬林糖　149

櫻桃克勞芙蒂　141

奶酪　138

千層薄餅　146

同場加映

焦糖布丁　139

瑪德蓮　148

Part1

蛋糕
CAKE

　　這個單元中，作者王安琪以「戚風蛋糕」、「海綿蛋糕」、「乳酪蛋糕」、「天使蛋糕」、「磅蛋糕」、「無麵粉蛋糕」及「手指蛋糕」等七種蛋糕體，製作經典甜點。為了消除烘焙新手操作時的疑問，降低失敗率，她以自己的經驗，試著將讀者常出現的疑問、過程中易出錯的步驟和原因，用較口語的「Q & A」方式條列出來，希望新手們操作前，先閱讀說明大致了解，必能提升成功率。

　　以下是這個單元中的甜點，作者以自己的經驗區分難易度，讀者可自行選擇製作！

戚風蛋糕 Q & A 常見小疑問

Q：為什麼大多數人喜歡吃戚風蛋糕？

A：**戚風蛋糕（chiffon）的特色就是鬆、軟、綿、密**，完全符合東方人喜歡的口感，不會太甜，也不油膩，因此在東方烘焙界算是不失敗的基本款，受歡迎度更甚海綿蛋糕。戚風蛋糕可以做成圓形、方形，當作生日蛋糕、裝飾蛋糕體，或是直接品嘗清爽的蛋糕體，也因為它的質感軟嫩，很適合製作蛋糕捲。

Q：為什麼戚風蛋糕比海綿蛋糕柔軟？

A：戚風蛋糕其實就是分蛋式海綿蛋糕，操作中會將容易讓蛋白消泡的蛋黃，放入另一個攪拌盆攪打（蛋黃、蛋白分開攪打），利用水分化解蛋黃的黏稠，使蛋黃黏性下降。**最常見的加入水分有：柳橙汁、奶水。**此外，蛋黃雖含有約 30％ 的油脂，但配方內仍需添加液體油，才能讓蛋糕整體口感滑順而不乾，**最常使用的是大豆沙拉油等清淡無味的液體油。**

Q：為什麼烤好的戚風蛋糕口感比較硬？

A：蛋黃麵糊是影響戚風蛋糕口感的重要原因之一。當麵粉加入蛋黃糊時，不需過度攪拌，只要攪拌至看不到結顆粒的麵粉即可（如果發現顆粒麵粉，可以用刮刀壓散），接著再加入蛋白霜拌成麵糊。因此，當拌好的麵糊中有未攪散的顆粒，烤好的戚風蛋糕就會偏硬。

攪拌至看不到顆粒麵粉即可（圖中是巧克力戚風麵糊）▶

Q：蛋白要打發到什麼程度？

A：戚風蛋糕的分蛋式打法是**一定要將蛋白打到乾性發泡，但不可以打到變乾燥**。乾性發泡是指氣泡組織潔白有彈性，以打蛋器舀起蛋白霜時，尖頭挺立不下垂。乾燥指的是蛋白凝固，以手指勾起無法形成勾尖狀，而似棉花狀。有的時候因為心急求快速，將攪拌器定在高速攪打，反而無法將蛋白順利地打至乾性發泡。這裡的操作重點是，當蛋白呈濕性發泡階段時（尖頭會往下垂），攪拌器就要轉中速，慢慢地將蛋白打到乾性發泡。蛋白起泡的最佳溫度是約 20℃，天冷時操作要特別留意。

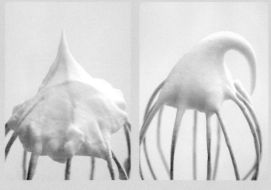

▲蛋白攪打至乾性發泡。　▲蛋白霜尖頭會往下垂的濕性發泡。

Q：如果偏愛原味戚風蛋糕的話，該怎麼製作？

A：書中介紹的兩款戚風蛋糕（P.12 和 P.14）是精心設計的口味，但仍有許多讀者偏愛原味戚風蛋糕，大家可以參照以下最基礎的配方製作：

【材料】6～6.5 吋圓形中空模 1 個

· 蛋黃麵糊
低筋麵粉 90 克、泡打粉 2 克、
蛋黃 35 克（約 2 個）、細砂糖 35 克、沙拉油 40 克、
奶水或柳橙汁 60 克、香草精或其他口味 1/2 小匙

· 蛋白霜
蛋白 110 克（約 3 個）、細砂糖 60 克、鹽 2 克

檸檬優格戚風蛋糕 ✦✩✩

LEMON YOGURT CHIFFON CAKE

檸檬與優格的微酸風味，讓蛋糕更清爽、不膩口。

保存：室溫 1 天、冷藏 2 天、冷凍 2 星期

【材料】 6～6.5 吋圓形中空模 1 個

• 蛋黃麵糊
低筋麵粉 90 克、泡打粉 2 克、蛋黃 35 克（約 2 個）、細砂糖 30 克、優酪乳 30 克、檸檬汁 20 克、沙拉油 36 克

• 蛋白霜
蛋白 110 克（約 3 個）、細砂糖 65 克、鹽 2 克

【事先準備】

- 備好戚風蛋糕專用圓形中空模
- 烤箱以 170℃ 預熱

【做法】

製作蛋黃麵糊

1·麵粉、泡打粉混合過篩（圖❶）。

2·蛋黃、細砂糖混合放入盆中（圖❷），隔水加熱攪拌直到糖融化，而且蛋黃鬆發黏稠、顏色泛白（圖❸）。

3·先加入沙拉油拌勻（圖❹），再加入優酪乳、檸檬汁拌勻（圖❺）。

4·加入麵粉、泡打粉（圖❻），輕輕拌勻成麵糊（圖❼）。

打發蛋白

5·蛋白、鹽放入乾淨的盆中，先以快速打至起泡，再分次加入細砂糖，以中速攪打，慢慢攪打至乾性發泡狀態（圖❽）。

完成麵糊，烘烤

6·將蛋白霜分次加入蛋黃麵糊中，輕輕拌勻成麵糊（圖❾）。

7·將麵糊倒入模型中，模型輕敲桌面幾下，震出氣泡，整平（圖❿），放入烤箱烤 25～30 分鐘，或直到蛋糕表面金黃上色，以竹籤插入不沾黏。

8·取出烤好的蛋糕立刻翻轉倒置，直到蛋糕完全降溫再脫模，完成。

Points 打發蛋白加入蛋黃麵糊時，記得要分次加入。第一次加入的量，是要調整蛋黃麵糊的濃稠度，接著加入的蛋白則要小心輕拌，以免消泡。

蘋果紅茶戚風蛋糕 ✦☆☆

APPLE TEA CHIFFON CAKE

蘋果的清新香甜結合紅茶香,最受歡迎的蛋糕口味。

保存:室溫 1 天、冷藏 2 天、冷凍 2 星期

【材料】6～6.5 吋圓形中空模 1 個

• 蛋黃麵糊
低筋麵粉 90 克、泡打粉 2 克、蛋黃 2 個（35 克）、細砂糖 30 克、沙拉油 36 克、蘋果汁 60 克、搗碎紅茶葉 2 克

• 蛋白糊
蛋白 110 克（約 3 個）、細砂糖 60 克、鹽 2 克

【事先準備】

- 備好戚風蛋糕專用圓形中空模
- 烤箱以 **170℃** 預熱

【做法】

製作蛋黃麵糊

1. 麵粉、泡打粉混合過篩。

2. 蛋黃、細砂糖混合放入盆中,隔水加熱攪拌直到糖融化,而且蛋黃鬆發黏稠、顏色泛白。

3. 先加入沙拉油拌勻,再加入蘋果汁拌勻。

4. 加入麵粉、泡打粉和紅茶葉,輕輕拌勻成麵糊。

打發蛋白

5. 蛋白、鹽放入乾淨的盆中,先以快速打至起泡,再分次加入細砂糖,以中速攪打,慢慢攪打至乾性發泡狀態。

完成麵糊,烘烤

6. 將蛋白霜分次加入蛋黃麵糊中,輕輕拌勻成麵糊。

7. 將麵糊倒入模型中,模型輕敲桌面幾下,震出氣泡,整平,放入烤箱烤 25～30 分鐘,或直到蛋糕表面金黃上色,以竹籤插入不沾黏。

8. 取出烤好的蛋糕立刻翻轉倒置,直到蛋糕完全降溫再脫模,完成。

Points

1. 戚風蛋糕的蛋黃麵糊最理想的狀態,是可以順著橡皮刮刀快速自然地下墜,質地有麵糊的黏稠,卻又不會太乾硬。如果蛋黃麵糊的狀態不理想,都可以在這個階段調整。例如:麵糊太乾硬的話,可以多加點水分;麵糊太濕則多加些麵粉。比例完美的蛋黃麵糊,可以確保烤好的蛋糕綿密、鬆軟。

2. 自家烘焙的戚風蛋糕不一定要添加泡打粉,只要確實將蛋白打至乾性發泡,一樣可以讓蛋糕有鬆發的效果。

古典巧克力蛋糕 ★★☆

濃郁的巧克力，幾乎沒有人能抵擋它的美味。

保存：冷藏 3 天、冷凍 2 星期

【材料】 6 吋圓形模 1 個

• 巧克力蛋黃麵糊
無鹽奶油 50 克、苦甜巧克力 65 克、可可粉 40 克、動物性鮮奶油 65 克、蛋黃 50 克（約 3 個）、細砂糖 30 克、低筋麵粉 20 克、柑橘酒 20 克

• 蛋白霜
蛋白 110 克（約 3 個）、細砂糖 60 克

• 其他
柳橙（皮磨碎）1 顆

【事先準備】

- 備好圓形蛋糕模，裁一張與模型底部同尺寸的烘焙紙，鋪入。
- 烤箱以 150°C 預熱

【做法】

製作巧克力蛋黃麵糊

1· 奶油放入攪拌盆，打至鬆軟。

2· 巧克力隔水加熱融化，再加入鬆軟的奶油，拌勻成巧克力糊。

3· 鮮奶油倒入湯鍋煮至沸騰，離火，加入可可粉攪拌溶解，再倒入巧克力糊中混勻。

4· 蛋黃、細砂糖混合放入盆中，隔水加熱攪拌直到糖融化，而且蛋黃鬆發黏稠、顏色泛白，倒入做法 3 中拌勻。

5· 加入過篩的麵粉拌勻。

打發蛋白

6· 蛋白放入乾淨的盆中，先以快速打至起泡，再分次加入細砂糖，以中速攪打，慢慢攪打至乾性發泡狀態。

完成麵糊，烘烤

7· 將蛋白霜分次加入巧克力蛋黃麵糊中，拌勻，再加入柑橘酒拌勻成麵糊。

8· 將麵糊倒入模型中，整平，放入烤箱烤 35 ～ 40 分鐘，或直到蛋糕表面金黃上色，以竹籤插入不沾黏。

表面撒橘皮

9· 取出烤好的蛋糕，放在冷卻架上降溫，完全降溫後脫模，切片，表面撒上柳橙皮碎，完成。

Points

每個材料都要確實攪拌，再一一加入，輕柔地混合成滑順的麵糊。

CHOCOLATE CREAM ROLL

巧克力生乳捲 ★★☆

濕潤的巧克力蛋糕裹上厚實的鮮奶油，令人難以抗拒。

保存：冷藏 2 ～ 3 天

【材料】1 捲

• 巧克力蛋黃麵糊
無糖可可粉 20 克、小蘇打粉 1 克、熱開水 85 克、沙拉油 50 克、奶水或鮮奶 30 克、細砂糖 45 克、蛋黃 50 克（約 3 個）、低筋麵粉 100 克、泡打粉 2 克

• 蛋白霜
蛋白 140 克（約 4 個）、鹽 2 克、細砂糖 75 克

• 可可鮮奶油
動物性鮮奶油 200 克、細砂糖 16 克、純可可粉 15 克、咖啡利口酒（kalua coffee liquor）15 克

【事先準備】

- 在 30×40 公分烤盤上鋪好烘焙紙，烘焙紙的 4 個邊都須高出模型至少 1 公分。
- 備好烘焙紙、白報紙
- 烤箱以 180℃ 預熱

【做法】

製作巧克力蛋黃麵糊

1 · 可可粉、小蘇打粉、熱開水混合攪拌溶解（圖❶）。

2 · 加入沙拉油、奶水拌勻（圖❷）。

3 · 加入細砂糖、蛋黃攪拌均勻直到糖融化（圖❸）。

4 · 加入過篩且混合好的麵粉、泡打粉（圖❹），拌勻成麵糊（圖❺）。

打發蛋白

5 · 蛋白、鹽放入乾淨的盆中，先以快速打至起泡，再分次加入細砂糖，以中速攪打，慢慢攪打至乾性發泡狀態（圖❻）。

下一頁還有做法 ↓

完成麵糊，烘烤

6. 將蛋白霜分次加入巧克力蛋黃麵糊中，輕輕拌勻成麵糊（圖 **7**）。

7. 將麵糊倒入模型中（圖 **8**），模型輕敲桌面幾下，震出氣泡，整平，放入烤箱烤 15～17 分鐘，或直到蛋糕表面金黃上色，以竹籤插入不沾黏。

8. 取出烤好的蛋糕放在網架上，立刻撕開蛋糕四周的烘焙紙（圖 **9**），以免收縮，等待降溫。

9. 蛋糕冷卻後，翻面撕去烘焙紙（圖 **10**），再蓋上乾淨的白報紙，翻回上色的正面。將蛋糕寬的一端切斜邊，當作收尾端（圖 **11**）。

製作可可鮮奶油

10. 將鮮奶油加入盆中，加入細砂糖、咖啡酒和可可粉，攪拌至 7 成凝固的起泡狀態。

捲蛋糕

11. 把可可鮮奶油平均地塗抹在蛋糕上面（圖 **12**），開始捲起的那一端抹厚一點。

12. 擀麵棍放在捲起端的烘焙紙下方（圖 **13**），頂起蛋糕，將蛋糕順勢捲起，收口處施加壓力，讓蛋糕黏合（圖 **14**、**15**）。

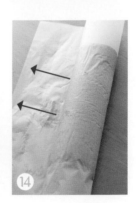

裝飾

13. 蛋糕捲連同烘焙紙放入冰箱冷藏凝固，再取出切片，搭配新鮮覆盆莓、薄荷葉裝飾，完成。

Points

1・整平蛋糕也算攪拌麵糊，動作務必要輕、快，以免麵糊消泡。

2・以烘焙紙捲蛋糕容易滑動，建議使用白報紙，或是紙張底下墊一塊乾淨的濕廚布（抹布）再捲。

3・薄片蛋糕因為烘烤的時間短、溫度高，麵糊放入烤箱後，要在旁邊守候，以免烤焦。

4・沒烤熟的蛋糕無法順利脫模，當取出蛋糕發現四個邊的烘焙紙有沾黏，表示蛋糕沒烤熟。這時只好再續烤，但蛋糕的蓬鬆口感會打折扣。

5・蛋糕烘烤過程中如果表面膨起如山丘，代表上火烤溫太高，可稍微打開烤箱讓一部分熱氣散出，再關起。

BLACK FOREST CAKE

黑森林蛋糕 ★★☆

散發濃郁巧克力香的濕潤戚風蛋糕，世界知名的經典點心。

保存：冷藏 2 天

【材料】 7 吋圓形蛋糕模 1 個

- **糖水酒**
  細砂糖 100 克、水 100 克、蘭姆酒 50 克

- **巧克力戚風蛋糕**
  無糖可可粉 20 克、小蘇打粉 1 克、熱開水 85 克、沙拉油 50 克、奶水或鮮奶 30 克、細砂糖 45 克、蛋黃 50 克（約 3 個）、低筋麵粉 100 克、泡打粉 2 克、蛋白 135 克（約 4 個）、鹽 2 克、細砂糖 75 克

- **鮮奶油香緹**
  動物性鮮奶油 250 克、細砂糖 20 克

- **夾餡、抹醬和裝飾**
  酒漬櫻桃粒（固形物）75 ～ 90 克、糖水酒適量、植物性鮮奶油 300 克、苦甜巧克力磚適量

【事先準備】

- 備好 7 吋圓形蛋糕模、厚紙板底盤
- 烤箱以 180℃ 預熱

【做法】

製作糖水酒

1· 將細砂糖、水倒入湯鍋煮至沸騰，轉小火繼續煮，直到略微收汁、濃稠，關火，等完全降溫。

2· 蘭姆酒加入完全冷卻的糖漿中拌勻成糖水酒，放入乾淨噴嘴瓶中冷藏保存，方便隨時取用，或直接用乾淨毛刷塗抹蛋糕表面。

製作巧克力戚風蛋糕麵糊

3· 可可粉、小蘇打粉、熱開水混合攪拌溶解，加入沙拉油、奶水拌勻。

4· 加入 45 克細砂糖、蛋黃攪拌均勻直到糖融化，加入過篩且混合好的麵粉、泡打粉，拌勻成麵糊。

5· 蛋白、鹽放入乾淨的盆中，先以快速打至起泡，再分次加入 75 克細砂糖，以中速攪打，慢慢攪打至乾性發泡狀態。

6· 將蛋白霜分次加入巧克力蛋黃麵糊中，輕輕拌勻成麵糊。

入模、烘烤

7· 將麵糊倒入模型中，模型輕敲桌面幾下，震出氣泡，整平，放入烤箱烤 25 ～ 30 分鐘，或直到蛋糕表面金黃上色，以竹籤插入不沾黏。

8· 取出烤好的蛋糕立刻翻轉倒置，直到蛋糕完全降溫再脫模。

9· 完全冷卻的蛋糕橫向切成 3 片。

製作鮮奶油香緹

10· 動物性鮮奶油、細砂糖放入盆中，底部隔冰水，攪打至鬆發起泡，約 7 成鬆發，就是鮮奶油開始凝固，不會滴落的狀態（圖 ❶），放入冰箱冷藏備用。

製作打發鮮奶油

11· 植物性鮮奶油放入盆中，底部隔冰水，攪打至鬆發起泡，約 8 成鬆發，就是鮮奶油可以附著在打蛋器上不掉落的程度（圖 ❷），放入冰箱冷藏備用。

下一頁還有做法 ↓

組合

12 · 酒漬櫻桃放在廚房紙巾上，吸乾多餘的汁液。

13 · 蛋糕轉枱上鋪一片和蛋糕尺寸相同的厚紙板底盤，先放一片蛋糕，表面刷上糖水酒，抹入 1/2 量的鮮奶油香緹，平均地排入酒漬櫻桃，蓋上第二片蛋糕。

14 · 表面刷上糖水酒，抹入 1/2 量的鮮奶油香緹，平均地排入酒漬櫻桃，蓋上第三片蛋糕。疊完三層蛋糕之後，放入冰箱冷藏至少 2 小時，讓鮮奶油和蛋糕降溫凝結。

裝飾

15 · 從冰箱取出蛋糕，以打發的植物性鮮奶油抹好整個蛋糕的側面、表面。

16 · 用刮刀削下巧克力碎片，黏貼在蛋糕周圍和底部，表面以打發植物性鮮奶油擠花，並以酒漬櫻桃裝飾即可。

Points

1 · 鮮奶油是很敏感的乳製品，打至凝固起泡後就要停手，千萬不要繼續攪拌，否則很容易硬過頭，反而變成花花的不光澤狀態。

2 · 此處夾餡使用的是動物性鮮奶油，只有純天然動物性鮮奶油的入口最滑順、香氣自然濃郁，化口性佳。但是如果要做蛋糕抹面、表面擠花，建議改用植物性鮮奶油，硬度和持久度最好。

3 · 櫻桃擺放的方式，是彼此間有間隙，不要相互擠得太滿。糖水酒適量塗刷即可，切勿過量。

4 · 烤好的蛋糕表面如果突起太高，則需要先將突起的部分修平整，之後再橫切三等分。

STEP BY STEP 蛋糕抹面

利用打發的鮮奶油裝飾樸素的蛋糕體，例如抹面、擠花，可讓甜點外觀更完整，更加引起食慾。以下介紹蛋糕抹面的基本做法，新手們可按圖練習。

【材料】

蛋糕體 1 個
打發的植物性鮮奶油適量

【做法】

抹表面

1．將蛋糕放在轉枱上，挖一些鮮奶油放在蛋糕表面中間，以抹刀稍微抹開（圖❶）。

2．一手扶著轉枱往逆時針方向慢慢轉，另一手將抹刀以順時鐘方向（和轉枱轉動方向相反）抹平（圖❷）。

抹側面

3．以抹刀沾取鮮奶油，抹在蛋糕側面（圖❸），此時轉枱不動。

4．抹刀垂直拿，以「前後前後」的方向慢慢抹開，轉枱搭配抹的動作，一邊朝反方向轉動（圖❹）。

5．抹刀垂直，將多餘的鮮奶油刮掉，抹平整（圖❺）。

整體修整

6．將蛋糕表面邊緣多餘的鮮奶油刮掉，抹平整（圖❻）。

7．完成的樣子（圖❼）！

移動蛋糕

8．一手扶著轉枱，一手將抹刀從蛋糕底部中央插入（圖❽）。

9．一手輕抬起蛋糕底，一手以抹刀輕輕移動蛋糕至盤子上即可（圖❾）

海綿蛋糕
Q & A
常見小疑問

Q：全蛋式海綿蛋糕有什麼特色？

A：海綿蛋糕分兩種配方：**一種是只有秤量整顆蛋的重量；另一種則是將蛋白、蛋黃分開秤量，再混合攪打**，這個單元中要介紹的海綿蛋糕屬於後者。海綿蛋糕是利用蛋在攪拌過程結合的空氣，再加上麵粉拌入之後所產生的筋性，也就是麵粉中蛋白質形成的彈力麩素，撐起了膨脹的組織，而不至於塌陷。雖然國外也常使用「**Sponge Cake**」這個字，但他們指的卻是我們認知的「**奶油磅蛋糕**」。國內外觀點不同，讀者在參考國外食譜時要特別注意。

書中全蛋式海綿蛋糕在製作過程中，將蛋白、蛋黃分開秤量，混合打發，完成的蛋糕口感特別鬆軟、組織細緻。配方中蛋黃的量幾乎與蛋白相同，雖然蛋黃在烘焙界被歸類為柔性材料，但是在打發時，蛋黃中的卵磷脂卻有抑制蛋白起泡的作用，所以全蛋式海綿蛋糕的口感，比分蛋式的戚風蛋糕來得扎實豐厚。

Q：海綿蛋糕適合用來製作哪些點心？

A：**海綿蛋糕是學習糕點製作的入門基礎款**，可以製作夾心生日蛋糕、翻糖蛋糕，以及所有裝飾或是不裝飾的蛋糕體，是新手一定要學會的基本蛋糕體。

Q：配方中的糖、鹽可以根據個人口味更動嗎？

A：配方中的糖不可隨意減少，鹽不可省略。製作蛋糕時，通常鹽跟著糖一起拌入蛋中，這兩樣材料除了調味，也有幫助蛋打發、穩定起泡的功用。質白、砂細的糖永遠是打發蛋的第一首選，至於鹽，選細鹽即可。

Q : 為什麼要隔水加熱打發全蛋呢？

A : **打發全蛋務必隔水加熱操作！**隔水加熱打發，是指將蛋黃、蛋白等材料加入鋼盆後，鋼盆底部墊一盆水，一邊開始加熱，一邊開始攪拌。此時要準備溫度計同時測量，當蛋液溫度升至大約 43℃ 時，鋼盆要離開火源。這個溫度可以化解蛋黃的黏性，並幫助蛋白在攪拌過程中順利抓住空氣，達到起泡的作用。

Q : 烘焙新手怎麼判斷全蛋打發的狀態？

A : 全蛋必須攪打到整體均勻膨脹、顏色變淡，提起攪拌器時，**蛋液緩慢而穩定地流下，痕跡不會立刻消失。**因為攪打的時間是依照機器的速率，所以必須學會靠視覺來判斷是否已經打至滑細綿密。

Q : 麵粉如何加入蛋液比較好？如何拌入麵粉才正確？

A : 麵粉加入之前一定要過篩，才能讓容易凝結的低筋麵粉顆粒變鬆散，可以均勻地散佈在蛋液中，而不至於變成黏塊。而拌入麵粉也是關鍵，此時改用橡皮刮刀，迅速有節奏地邊轉動盆子，邊從底部向上翻起，並且刮整盆邊，讓麵糊攪拌得更均勻。操作時記得：**攪拌得太久，會導致消泡；攪拌得不夠，會形成黏粒**，所以要多練習。

Q : 為什麼蛋打了很久，感覺還是不夠綿密？

A : 首先，檢查配方是否正確？蛋液內不小心有水分、油脂滲入？打蛋器是否順著同一個方向，以穩定的速率攪打呢？蛋液溫度會不會太低而影響鬆發？蛋新鮮嗎？先排除掉以上這幾個問題，如果仍然有疑問，可以直接來信給我，或是向有經驗的人詢問。

香草海綿蛋糕

VANILLA SPONGE CAKE

膨鬆的口感，最基本款的蛋糕。⭐☆☆

【材料】 7～8 吋圓形蛋糕模 2 個

• **麵糊**

奶水 30 克、香草精 1 小匙、沙拉油 33 克、低筋麵粉 165 克、泡打粉 2 克、蛋白 150 克（約 4 個多一點）、蛋黃 140 克（約 8 個）、細砂糖 165 克、鹽 1 克

• **裝飾**

植物性鮮奶油 200 克、檸檬皮末少許

【事先準備】

- 備好 7～8 吋圓形蛋糕模，活動或非活動模型皆可。
- 模型底部鋪好同尺寸的烘焙紙
- 烤箱以 170℃ 預熱

【做法】

製作麵糊

1・奶水、香草精加熱，倒入沙拉油混合。

2・麵粉、泡打粉混合過篩。

3・將蛋白、蛋黃、細砂糖和鹽放入盆中混合，隔水加熱，邊加熱邊攪拌（圖**1**），直到蛋液升溫至 **43℃**（圖**2**），離火。

4・以快速將蛋液打發，再轉中速續攪打至蛋液紋路明顯（圖**3**）。

5・麵粉、泡打粉再次過篩入盆，輕輕地從下往上翻起混合成麵糊（圖**4**）。

6・取少許麵糊加入做法 1 中輕輕拌勻，再整個倒回做法 5 中混合（圖**5**），注意避免底部有沉澱，不可攪拌過久，以免麵糊消泡（圖**6**）。

完成麵糊，烘烤

7・將麵糊倒入模型中（圖**7**），模型輕敲桌面幾下，震出氣泡，整平，放入烤箱烤 25～30 分鐘，或直到蛋糕表面金黃上色，以竹籤插入不沾黏。

8・取出烤好的蛋糕立刻翻轉倒置，直到蛋糕完全降溫再脫模。

製作打發鮮奶油

9・植物性鮮奶油放入盆中，底部隔冰水，攪打至鬆發起泡，約 8 成鬆發（圖**8**），就是鮮奶油可以附著在打蛋器上不掉落的程度，放入冰箱冷藏備用。

裝飾

10・以打發的植物性鮮奶油抹好整個蛋糕的側面、表面，最後撒上檸檬皮末即可。

Points

1・粉類加入蛋液中攪拌，務必從底下擦底再翻起，同時攪拌盆順同一方向轉動，可避免粉類沉澱，或是攪拌不均。

2・麵糊一定要攪拌至完全順滑、看不見粉料，否則蛋糕組織會結顆粒。

黑芝麻可可海綿蛋糕

SESAME COCOA SPONGE CAKE BLACK

黑芝麻加上可可粉，意想不到的獨特風味。 ✦☆☆

保存：室溫 1 天、冷藏 2 天、冷凍 2 星期

【材料】 7 ～ 8 吋圓形蛋糕模 2 個

・麵糊
黑芝麻粉 8 克、純可可粉 10 克、熱水 30 克、沙拉油 33 克、低筋麵粉 150 克、泡打粉 2 克、蛋白 150 克（約 4 個多一點）、蛋黃 140 克（約 8 個）、細砂糖 165 克、鹽 1 克

・裝飾
植物性鮮奶油 200 克、可可粉 8 克

【事先準備】

- 備好 7 ～ 8 吋圓形蛋糕模，活動或非活動模型皆可。
- 模型底部鋪好同尺寸的烘焙紙
- 烤箱以 170℃ 預熱

Points

1・純可可粉是指不含糖、奶精等添加物的烘焙用可可粉。烘焙用可可粉還分成鹼化過、顏色偏深的「荷蘭式可可粉（Dutch cocoa powder）」，以及一般顏色偏淡的可可粉。只要是烘焙使用的，兩者皆可。

2・通常撒在蛋糕表面裝飾用的可可粉，會特別指定「防潮可可粉」，這種可可粉只能用在表面裝飾，不可以加入材料配方中製作。

3・可可粉容易受潮、變質，因此開封後要盡快使用完畢，以免過期腐敗。

【做法】

製作麵糊

1・黑芝麻粉、純可可粉、熱水和沙拉油混合均勻。

2・麵粉、泡打粉混合過篩。

3・將蛋白、蛋黃、細砂糖和鹽放入盆中混合，隔水加熱，邊加熱邊攪拌，直到蛋液升溫至 43℃，離火。

4・以快速將蛋液打發，再轉中速續攪打至蛋液紋路明顯。

5・麵粉、泡打粉再次過篩入盆，輕輕地從下往上翻起混合成麵糊。

6・取少許麵糊加入做法 **1** 中輕輕拌勻，再整個倒回做法 **5** 中混合，注意避免底部有沉澱，不可攪拌過久，以免麵糊消泡。

完成麵糊，烘烤

7・將麵糊倒入模型中，模型輕敲桌面幾下，震出氣泡，整平，放入烤箱烤約 25 分鐘，或直到蛋糕表面金黃上色，以竹籤插入不沾黏。

8・取出烤好的蛋糕立刻翻轉倒置，直到蛋糕完全降溫再脫模。

製作打發可可鮮奶油、裝飾

9・植物性鮮奶油放入盆中，加入可可粉，底部隔冰水，攪打至鬆發起泡，約 8 成鬆發，就是鮮奶油可以附著在打蛋器上不掉落的程度，放入冰箱冷藏備用。

裝飾

10・以打發的可可鮮奶油抹好整個蛋糕的表面，最後撒上可可粉即可。

檸檬糖霜蛋糕

LEMON GLAZED CAKE

檸檬的清爽搭配糖霜，海綿蛋糕風味更多變。

【材料】 6 吋圓形蛋糕模 1 個

- **麵糊**

全蛋 2 個、蛋黃 35 克（約 2 個）、細砂糖 75 克、鹽 2 克、無鹽奶油 35 克、檸檬汁 20 克、檸檬皮 1/2 個、低筋麵粉 75 克、玉米粉 5 克

- **優格檸檬糖霜**

糖粉 50 克、無糖優格 50 克、檸檬汁 1 大匙、檸檬皮 1/2 個

【事先準備】

- 備好 6 吋圓形活動模
- 模型底部鋪好同尺寸的烘焙紙
- 烤箱以 160°C 預熱

【做法】

製作麵糊

1 · 將全蛋、蛋黃、細砂糖和鹽放入盆中混合，隔水加熱，邊加熱邊攪拌（圖❶），直到蛋液升溫至大約 43°C，離火。

2 · 以快速將蛋液打發，再轉中速續攪打至蛋液紋路明顯、不消失（圖❷）。

3 · 奶油隔水加熱融化，加入檸檬汁、檸檬皮混合。

4 · 麵粉、玉米粉混合充分過篩後加入做法 2 中輕輕拌勻。

5 · 檸檬奶油加入做法 4 中混勻成麵糊（圖❸）。

完成麵糊，烘烤

6 · 將麵糊倒入模型中（圖❹），模型輕敲桌面幾下，震出氣泡，整平，放入烤箱烤 20 ～ 25 分鐘，或直到蛋糕表面金黃上色，以竹籤插入不沾黏。

7 · 取出烤好的蛋糕立刻翻轉倒置，直到蛋糕完全降溫再脫模。

製作優格檸檬糖霜

8 · 糖粉放入盆中，加入檸檬汁，混合成稠狀，加入優格混合（圖❺），最後加入檸檬皮拌勻（圖❻）。

裝飾

9 · 冷卻的蛋糕放在轉枱上，正面或底部朝上均可，均勻地在蛋糕中間淋上優格檸檬糖霜（圖❼），再以湯匙背從內向外，以畫圓的方式推開（圖❽），冷藏過後即可切片食用。

Points 糖霜量一定要夠多，才容易均勻地抹開。

牛粒

CUILLÈRE

口感鬆軟，內餡甜度適中，圓巧外型令人喜愛。 ★★☆

保存：冷藏 2 星期

【材料】 約 15 組

- **麵糊**
全蛋 120 克、蛋黃 22 克（約 1 個多一點）、細砂糖 115 克、低筋麵粉 95 克、糖粉（撒表面用）適量

- **美式奶油霜**
無鹽奶油 100 克、糖粉 200 克、香草精 1 小匙、動物性鮮奶油 2 大匙

【事先準備】

- 備好 1 ～ 1.2 公分平口花嘴、擠花袋、烘焙紙、三明治擠花袋
- 平口花嘴裝入擠花袋、烤盤上鋪好烘焙紙
- 烤箱以 **170℃** 預熱

【做法】

製作麵糊

1· 將全蛋、蛋黃和細砂糖放入盆中混合，隔水加熱，邊加熱邊攪拌，直到蛋液升溫至大約 43℃，離火。

2· 以快速將蛋液打發，再轉中速續攪打至蛋液紋路明顯、不消失（圖 ❶）。

3· 加入過篩的低筋麵粉，攪拌至看不見粉料的均勻光滑麵糊。

擠出麵糊、烘烤

4· 將麵糊填入裝了平口花嘴的擠花袋中，在烤盤上擠出直徑 2 ～ 2.5 公分的圓形麵糊，整齊等距排列。

5· 放入烤箱烘烤 15 ～ 17 分鐘，連同烤盤取出，當烤盤不燙手時，取下牛粒放在網架上降溫。

製作美式奶油霜、組合

6· 奶油切小塊放入盆中，等軟化之後，加入過篩的糖粉，打至鬆發。加入香草精、鮮奶油拌勻即成。

7· 奶油霜填入擠花袋，袋口裝入花嘴或剪一個開口。取 2 片牛粒，中間擠入美式奶油霜，夾起即可。

Points

1· 擠麵糊時，讓花嘴與烤盤呈 90 度直角，放手瞬間快速地轉一個小圈，可以避免麵糊形成一個尖嘴。

2· 加入麵粉後容易沉澱於底部，攪拌時要擦底後翻起，動作迅速輕柔，可避免消泡。這個麵糊完成後要迅速入烤箱烘烤。

咕咕洛夫蛋糕 ✦☆☆

KOUGLOF CAKE

歐洲節慶時吃的蛋糕也能自己做，隨時都能吃。

保存：室溫 2 天、冷藏 5 天、冷凍 2 星期

【材料】 直徑 6 公分約 4 個

• 麵糊

無鹽奶油 150 克、糖粉 75 克、蛋黃 50 克（約 3 個）、檸檬皮末 1 大匙、開心果仁 30 克、檸檬汁 1 大匙、蛋白 100 克（約 3 個）、細砂糖 65 克、低筋麵粉 125 克

• 裝飾

開心果仁 1 大匙、草莓巧克力 50 克

【事先準備】

- 備好直徑 6 公分咕咕洛夫模型 4 個、三明治擠花袋
- 模型內側均勻塗抹油脂
- 烤箱以 170℃ 預熱

【做法】

製作蛋黃麵糊

1. 開心果仁切細碎，備用。

2. 奶油切小塊後放入盆中，放在室溫下軟化，確認軟化後加入過篩的糖粉，攪打至鬆發。

3. 一次加入一個蛋黃拌勻，再加入開心果碎、檸檬皮和汁拌勻。

打發蛋白

4. 蛋白放入乾淨的盆中，先以快速打至起泡，再分次加入細砂糖，以中速攪打，慢慢攪打至乾性發泡狀態。

完成麵糊、烘烤

5. 將蛋白霜分數次加入蛋黃麵糊中（圖❶），輕輕拌勻，再加入過篩的麵粉，輕輕拌勻成麵糊。

6. 將麵糊倒入模型中（圖❷），放入烤箱烤 20～25 分鐘，或以竹籤插入不沾黏。

7. 取出等待略降溫，再翻轉脫模，讓蛋糕放在網架上降溫。

裝飾

8. 草莓巧克力切碎，放入不鏽鋼盆中，隔水加熱融化，然後裝入三明治擠花袋中，袋口剪一個小洞。

9. 以融化的草莓巧克力在蛋糕表面畫線條，撒上開心果碎即可。

Points

1. 乾性發泡的蛋白霜第一次拌入時，可以稍微用力一點攪拌，可讓奶油蛋黃麵糊的稠度降低，但接下來攪拌則要輕巧，以免蛋白泡沫被攪散，變成一灘水，導致麵糊不夠蓬鬆，影響成品的口感。

2. 如果將所有麵糊放在一個大的咕咕洛夫模型裡，則要延長烘烤時間，並且降低烘烤溫度，可改成 150℃ 烘烤 30～35 分鐘。

MONT BLANC

蒙布朗 宛如皚皚白雪飄下的美麗甜點 ✦✦✧

保存：冷藏 2 天

【材料】 直徑 9 公分 6 個

· 底部
香草海綿蛋糕 30×40 公分 1 盤

· 打發鮮奶油
無糖動物性鮮奶油 500 克、細砂糖 40 克

· 栗子醬
無糖栗子醬 300 克、動物性鮮奶油 50 克、焦糖醬 50 克

· 裝飾
糖漬栗子 6 顆、普通或防潮糖粉（薄撒表面）適量

【事先準備】

- 將直徑 1 公分平口花嘴套入擠花袋內
- 將蒙布朗專用的細孔花嘴套入擠花袋內
- 備好直徑 9 公分空心圓模

【做法】

壓好底部蛋糕片
1・取直徑 9 公分空心圓模壓出 6 個圓片狀蛋糕。

打發鮮奶油
2・將鮮奶油、細砂糖放入盆中，底部隔冰水，用打蛋器打至鬆發起泡，約 8 分鬆發，也就是鮮奶油凝固，可以附著在攪拌器上的狀態（圖❶）。

3・將打發鮮奶油填入放了平口花嘴的擠花袋內，放入冰箱冷藏備用。

製作栗子醬
4・將栗子醬、鮮奶油和焦糖醬混合，放入盆中，混合均勻，即成栗子醬。

5・將栗子醬填入細孔擠花嘴的擠花袋內，備用。

組合
6・將打發鮮奶油擠在圓片蛋糕上，擠成金字塔狀，鮮奶油與蛋糕邊緣保留 0.5 公分距離，然後放入冰箱冷凍。

7・等鮮奶油凝固後取出，把栗子醬以繞圓的方式擠出，覆蓋在鮮奶油的上面。

裝飾
最後在頂部放一顆糖漬栗子，薄撒糖粉，大功告成囉！

Points

1・香草海綿蛋糕的做法可參照 P.29。

2・栗子醬罐頭開封之後，要盡快使用完畢，不然建議裝入夾鏈袋內冷凍保存。冷凍保存也不宜過久，最好在 1 個月內使用完畢。

3・想確認動物性鮮奶油打至 8 分發的狀態，可以用攪拌頭舀起些許鮮奶油，在碗裡畫圈，若能留下明顯的紋路即可（圖❷），或是提起攪拌頭，可以看見明顯的尖勾狀，尖端挺立不會下垂。

莓果鮮奶油蛋糕 ★★★

風味、美感兼具的各類莓果,搭配鮮奶油蛋糕最適合。

保存：冷藏 2 天

【材料】 25x10 公分 1 條

- **香草海綿蛋糕**（30×40 公分 1 盤）
低筋麵粉 165 克、泡打粉 2 克、奶水 33 克、香草精 2 克、沙拉油 33 克、蛋白 150 克（約 4 個多一點）、蛋黃 140 克（約 8 個）、細砂糖 165 克、鹽 1 克

- **鮮奶油香緹**
動物性鮮奶油 250 克、細砂糖 20 克、蘭姆酒 1/2 大匙

- **抹醬和裝飾**
草莓果醬 150 克、植物性鮮奶油 200 克、草莓 400 克、覆盆莓、藍莓、薄荷葉各適量

【事先準備】

- 在 30×40 公分烤盤上鋪好烘焙紙，烘焙紙的 4 個邊都須高出模型至少 1 公分。
- 備好菊形花嘴、擠花袋
- 烤箱以 180℃ 預熱

【做法】

製作香草海綿蛋糕

1·奶水、香草精加熱，倒入沙拉油混合。

2·麵粉、泡打粉混合過篩。

3·將蛋白、蛋黃、細砂糖和鹽放入盆中混合，隔水加熱，邊加熱邊攪拌，直到蛋液升溫至 43℃，離火。

4·以快速將蛋液打發，再轉中速續攪打至蛋液紋路明顯。

5·麵粉、泡打粉再次過篩入盆，輕輕地從下往上翻起混合成麵糊。

6·取少許麵糊加入做法 1 中輕輕拌勻，再整個倒回做法 5.中混合，注意避免底部有沉澱，不可攪拌過久，以免麵糊消泡。

完成麵糊，烘烤

7·將麵糊倒入模型中，模型輕敲桌面幾下，震出氣泡，整平，放入烤箱烤 15 ~ 18 分鐘，烤至手輕拍蛋糕表面，沒有「沙沙」的聲音。

8·取出烤好的蛋糕放在網架上，立刻撕開蛋糕四周的烘焙紙，以免收縮，等待降溫。

處理水果

9·水果洗淨後去蒂頭，瀝乾。草莓切成片狀。

製作鮮奶油香緹

10·動物性鮮奶油、細砂糖放入盆中，底部隔冰水，攪打至鬆發起泡，約 7 成鬆發，就是鮮奶油開始凝固，不會滴落的狀態，加入蘭姆酒拌勻，放入冰箱冷藏備用。

製作打發鮮奶油

11·植物性鮮奶油放入盆中，底部隔冰水，攪打至鬆發起泡，約 8 成鬆發，就是鮮奶油可以附著在打蛋器上不掉落的程度，放入冰箱冷藏備用。

下一頁還有做法 ↓

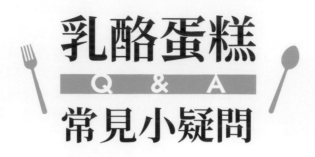

乳酪蛋糕
Q & A
常見小疑問

Q：乳酪蛋糕在口感、操作上有什麼特色？

A：口感上，乳酪蛋糕入口即化、乳香濃郁；操作上，則是簡單操作不複雜，成功率高。尤其是紐約乳酪蛋糕（重乳酪蛋糕），即使烘焙零基礎的人，也能製作成功。我在本書中要為讀者介紹「烘烤」、「免烘烤」兩種乳酪蛋糕，其中烘烤乳酪蛋糕又分成「烤半熟」、「烤全熟」兩種。大家可依自己的偏好選擇製作種類。

Q：為什麼烘烤乳酪蛋糕時，要採用「水浴蒸烤法」？

A：「水浴蒸烤法」是指將完成的麵糊倒入模型，放在烤盤上，將熱水倒入烤盤中 1～2 公分高，再開始烘烤。為什麼乳酪蛋糕要這麼烤呢？這是因為麵糊的底部鋪了一層餅乾（或蛋糕），**為了避免這層餅乾（或蛋糕）烤焦**，所以需要水浴蒸烤。另外，**水浴蒸烤法也能提供蛋糕濕潤綿密的口感，正是好吃的秘訣。**

將熱水倒入烤盤中 1～2 公分高。▶

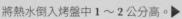

Q：只有「奶油乳酪」可以用來製作乳酪蛋糕嗎？

A：當然不是。適合製作乳酪蛋糕的乳酪很多，只是做法各不同。一般最常見、成功率最高，而且最受歡迎的是「奶油乳酪（cream cheese）」，其次是「馬斯卡彭（mascarpone）」。乳酪的種類、質感和味道都不同，當然適合的點心也不同了。

保存：

【材料】

· 底部
消化餅乾
葡萄乾：

· 乳酪
奶油乳酪
牛奶 75
15 克、

· 其他
椰子粉

【事先準

· 備好
  與模
  鋪入

· 模型
  份量

· 隔水

Points

1 · 鋪在
公分厚的

2 · 蛋黃
凝結，要

3 · 撒在
口感以外
不喜歡椰

4 · 這個
製作，所
水分是否
分很重要
應避免上

5 · 冷卻
果膠或是

Q：乳酪蛋糕的底部，一定得鋪一層蛋糕或餅乾嗎？

A： 不一定。你可以直接將麵糊倒入模型中烘烤，但要注意的是，**模型底部一定要鋪一張烤紙**，方便將蛋糕完整取出，而這樣的烘烤方式就不一定需要用水浴蒸烤法了。

Q：如何烤出表面沒有裂痕的乳酪蛋糕？

A： 當蛋糕表面出現裂痕時，代表底火太高了，這時只能調降底火的溫度，但裂縫已經形成，無法彌補。建議新手在烘烤乳酪蛋糕時，**把烤溫調在低溫狀態，寧可小火慢烘，也別急著烤熟。** 烤焙的過程中也要特別留意，是否底層的水（水浴蒸烤法加入的熱水）已經烤乾，必須適時增添。

Q：冷藏乳酪蛋糕如何才能漂亮脫模？

A： 有別於烤箱烘烤而成的乳酪蛋糕，這類以冰箱冷藏使其凝固定型的蛋糕，脫模時要特別小心。你可以**利用噴槍，在模型邊緣加熱**，使冰硬的乳酪蛋糕稍微融化後脫模。如果沒有噴槍，可利用**浸過熱水，擠乾的熱毛巾**，**包覆整個模型外圍**，同樣能讓蛋糕漂亮脫模，切記不要用刀子刮模型邊緣。

半熟乳酪蛋糕 ★☆☆

HALF BAKED CHEESE CAKE

清爽不膩、內餡柔滑，深受甜點老饕的喜愛。

保存：冷藏 3～4 天

【材料】6 吋 1 個

奶油乳酪 250 克（cream cheese）、細砂糖 50 克、鮮奶油 75 克、柳橙汁 75 克、全蛋 1 個、細砂糖 20 克、香草海綿蛋糕（厚約 0.5 公分）

【事先準備】

- 模型外框以錫箔紙包裹
- 模型內側薄塗一層融化奶油（份量外）
- 底部鋪一片同尺寸的香草海綿蛋糕，做法參照 P.29。
- 隔水蒸烤，烤箱以 120℃ 預熱。

Points

1・做法 3 中以隔水加熱的方式打發全蛋，蛋液起泡的程度會更穩定。

2・配方中沒有添加麵粉，所以不需將蛋糕烤到全熟，只要確認蛋糕中心達到 80℃ 以上即可。

3・冷卻後的蛋糕表面可以塗抹杏桃果膠或是橘子果醬，以增加亮澤感。並且改成個人享用的小紙杯模型，加上透明盒蓋，就可以成為美味的伴手禮。

【做法】

製作乳酪麵糊

1・奶油乳酪切小丁後放入盆中，放在室溫下軟化，加入 50 克細砂糖拌勻（圖❶）。

2・加入鮮奶油、柳橙汁拌勻成乳酪糊（圖❷）。

3・全蛋、20 克細砂糖倒入乾淨攪拌盆中（圖❸），攪打至鬆發，也就是蛋液黏稠膨脹，畫線可以不消失的狀態（圖❹）。

4・分次加入乳酪糊中，拌勻成乳酪麵糊（圖❺）。

入模、烘烤

5・乳酪麵糊倒入模型，放入烤盤中，然後倒入約 1 公分高的溫水（水浴蒸烤法），烤約 50～60 分鐘（圖❻）。

6・輕敲模型，如果蛋糕中心仍會晃動，取出略降溫即可脫模！

紐約乳酪蛋糕 ★☆☆

NEW YORK CHEESE CAKE

底層的可可戚風片，讓濃郁的乳酪蛋糕口感與風味更具層次。

【材料】7.5×15 公分 1 個

- **底部**

可可芝麻海綿蛋糕片（厚 0.3 公分）

- **乳酪麵糊**

奶油乳酪 250 克、細砂糖 50 克、全蛋 2 個、酸奶油（**sour cream**）35 克、檸檬汁 30 克

【事先準備】

- 備好 7.5×15 公分長條模型，在模型內底部、周圍鋪好烘焙紙。
- 黑芝麻可可海綿蛋糕做法，可參照 **P.31**。
- 隔水蒸烤，烤箱以 **160℃** 預熱。

【做法】

鋪蛋糕片

1 · 將海綿蛋糕片鋪在烤盤底部。

製作乳酪麵糊

2 · 奶油乳酪切小丁後放入盆中，放在室溫下軟化，加入細砂糖拌勻。

3 · 分次加入全蛋拌勻，再加入酸奶油、檸檬汁拌勻成乳酪麵糊。

入模、烘烤

4 · 乳酪麵糊倒入模型，放入烤盤中，然後倒入約 1 公分高的溫水（水浴蒸烤法），烤約 **30 ～ 35** 分鐘，或稍微搖晃烤箱中的模型，如果蛋糕麵糊中間凝固不晃動，代表烤熟。

脫模

5 · 取出烤好的蛋糕放在網架上，等待約 5 分鐘降溫。

6 · 立刻將蛋糕脫模即可。

Points

1 · 如果增加配方的份量，烘烤的時間要延長。時間延長，烤溫也要微降，這樣蛋糕的表面才會平整好看。

2 · 蛋糕出爐後約 5 分鐘之內即刻脫模，以免水氣回滲，影響口感。

【材料】 6 吋圓形蛋糕模 1 個

· 底部
消化餅乾 75 克、無鹽奶油 25 克

·巧克力鮮奶油
苦甜巧克力 50 克、動物性鮮奶
油 65 克

· 原味麵糊
奶油乳酪 210 克、細砂糖 50 克、
無糖優格 45 克、全蛋 2 個

【事先準備】

· 備好 6 吋圓形蛋糕模，裁一張與模
  型底部同尺寸的烘焙紙，鋪入。

· 隔水蒸烤，烤箱以 **140℃** 預熱。

【做法】

製作底部

1·消化餅乾放入塑膠袋內，用擀麵棍
敲細碎（圖 **❶**）。

2·奶油隔水加熱融化，與餅乾混合均
勻（圖 **❷**），鋪在烤盤底部，以擀麵
棍底部或平底的杯子壓緊實（圖 **❸**），
放入冰箱冷藏直到變硬。

製作巧克力鮮奶油

3·巧克力放入盆中（圖 **❹**）。

4・鮮奶油倒入小鍋中（圖 **❺**），加熱至沸騰，離火，倒入巧克力盆中混合（圖 **❻**），輕輕拌勻（圖 **❼**），保溫備用。

製作原味麵糊

5・奶油乳酪切小丁後放入盆中，放在室溫下軟化，加入細砂糖拌勻（圖 **❽**）。

6・加入優格拌勻（圖 **❾**）。

7・全蛋分次加入，攪拌均勻成原味麵糊（圖 **❿**）。

製作巧克力麵糊

8・取 2 大匙原味麵糊，加上 2 大匙巧克力鮮奶油混合成巧克力麵糊（圖 **⓫**、**⓬**）。

製作大理石麵糊

9・原味麵糊用細目網篩過濾後，倒入模型中。巧克力麵糊以小湯匙淋在原味麵糊表面，再以牙籤畫出線條。

入模、烘烤

10・大理石麵糊倒入模型，放入烤盤中，然後倒入約 1 公分高的溫水（水浴蒸烤法），烤約 35 分鐘，或稍微搖晃烤箱中的模型，如果蛋糕麵糊中間凝固不晃動，代表烤熟。

11・取出烤好的蛋糕放在網架上降溫，脫模。

12・將冷卻的蛋糕放入冰箱冷藏，再取出切片食用。

Points

1・淋上巧克力麵糊時，份量盡量要控制一致，以免視覺效果太混亂，缺乏精緻美感。

2・巧克力麵糊的用量只有少許，通常無法一次用完，建議把多餘的麵糊填入小紙模烘烤。

3・蛋糕出爐後約 5 分鐘之內即刻脫模，以免水氣回滲，影響口感。

4・切乳酪蛋糕的刀子務必燙過熱水，或是以火烤過，每次切一刀之後，都要把刀面清洗乾淨，加熱再切下一刀。

天使蛋糕
Q & A
常見小疑問

Q：天使蛋糕在口感、操作上有什麼特色？

A：**天使蛋糕屬於乳沫類蛋糕，是完全不含油脂的蛋糕。**蛋糕鬆發的組織**完全依靠蛋白起泡的作用**，所以，只要掌握打發的程度，便能輕而易舉完成天使蛋糕。天使蛋糕雖然不含油脂，口感卻異常鬆軟且有彈性，這是因為蛋白屬於韌性材料，麵粉拌入後成為支架，形成蛋糕體。

Q：天使蛋糕多用來製作哪些甜點？

A：天使蛋糕可以製作生日蛋糕、裝飾蛋糕，或是直接品嘗原味蛋糕體。特別是**不含油脂的配方**，更是健康蛋糕的代表作。

Q：製作天使蛋糕時，蛋白要打發到什麼程度？

A：蛋白需要打到「濕性發泡」的階段，也就是**蛋白濕潤有光澤，以攪拌器舀起，蛋白霜會形成稍微下垂的尖端**。這個階段的蛋白霜最容易與麵粉混合，如果不慎將蛋白打至乾性發泡，就難以和麵粉混合，會導致麵糊結顆粒，蛋糕即使烤熟了也不好吃。

Q：麵糊要攪拌到什麼程度？

A：攪拌麵糊要**改用橡皮刮刀**，順著同一個方向，**輕快地從底部和盆邊向上翻起**，麵粉在加入之前，記得要充分過篩。

Q：麵糊入模有什麼技巧？

A：天使蛋糕麵糊入模的方式常見有兩種：一種是將麵糊填入擠花袋，透過花嘴擠入模型，好處是麵糊之間完全沒有空隙；另一種是分次分層慢慢填入，也是為了避免麵糊之間有空隙。

Q：模型用哪一種材質的比較好？

A：天使蛋糕的模型**最常使用的是白鐵材質**，不能有油、水。白鐵材質可以讓麵糊有吸附力，增加往上撐高的效果。至於不沾黏、好脫模的材質因為太滑了，反而不適合用在天使蛋糕。

抹茶天使蛋糕 ★☆☆

抹茶的淡雅茶香，讓蛋糕風味清新。

保存：冷藏 5 天、冷凍 2 星期

【材料】 5 吋圓形中空模 3 個

蛋白 216 克、塔塔粉 2 克、鹽 2 克、細砂糖 100 克、檸檬汁 1 小匙、低筋麵粉 80 克、抹茶粉 3 克

【事先準備】

- 備好圓形中空模，模型洗淨擦乾。
- 烤箱以 150°C 預熱

【做法】

製作蛋白麵糊

1・蛋白、塔塔粉、鹽放入盆中，先以快速打至起泡，再分次加入細砂糖，以中速攪打，慢慢攪打至乾性發泡狀態。

2・加入檸檬汁。低筋麵粉、抹茶粉混合過篩，也加入盆中拌勻，用橡皮刮刀輕輕地拌入蛋白霜。

入模、烘烤

3・改用小湯匙將麵糊分層填入模型，因為蛋白麵糊偏乾，所以如果沒有分層填入，蛋糕中間容易出空洞。

4・將麵糊放入烤箱烤約 20 分鐘，或直到以竹籤插入不沾黏。

5・取出烤好的蛋糕立刻翻轉倒置，直到蛋糕完全降溫再脫模。

Points

1・蛋糕麵糊的詳細步驟圖片，可參照 P.61。

2・抹茶天使蛋糕的抹茶粉用量，必須依讀者購買的品牌而有所調整，建議購買「烘焙用抹茶粉」。

榛果天使蛋糕

HAZELNUT ANGEL FOOD CAKE

蛋糕體口感輕盈、膨鬆，單吃、夾餡都美味

保存：冷藏 5 天、冷凍 2 星期

【材料】 5 吋圓形中空模 3 個

- **蛋白麵糊**
蛋白 216 克、塔塔粉 2 克、鹽 2 克、細砂糖 100 克、低筋麵粉 80 克、榛果粉 20 克

- **裝飾**
巧克力醬適量、新鮮水果適量

【事先準備】

- 備好圓形中空模，模型洗淨擦乾。
- 烤箱以 150℃ 預熱

【做法】

製作蛋白麵糊

1. 蛋白、塔塔粉、鹽放入盆中，先以快速打至起泡（圖❶），再分次加入細砂糖，以中速攪打，慢慢攪打至乾性發泡狀態（圖❷）。

2. 麵粉過篩，加入盆中拌勻（圖❸），用橡皮刮刀輕輕地拌入蛋白霜。

3. 榛果粉過篩，加入做法 2 中，輕輕地迅速攪拌（圖❹），拌至盆內還殘留一點粉粒時立即停止攪拌（圖❺），完成麵糊。

入模、烘烤

4. 改用小湯匙將麵糊分層填入模型，因為蛋白麵糊偏乾，所以如果沒有分層填入，蛋糕中間容易出空洞（圖❻、❼、❽）。

5. 將麵糊放入烤箱烤約 20 分鐘，或直到以竹籤插入不沾黏。

6. 取出烤好的蛋糕立刻翻轉倒置，直到蛋糕完全降溫再脫模。

裝飾

7. 在蛋糕表面淋上巧克力醬，再搭配新鮮水果即可食用。

Points

1. 粉料加入打發蛋白（蛋白霜）時，刮刀一定要從底部擦底後翻起，同時盆子要順同一方向轉動，才能避免麵糊中的氣泡消失，影響成品的口感。

2. 天使蛋糕的模型一定要保持乾淨無油水的狀態，操作前一定要擦乾淨。

3. 麵糊入模型時，可以把麵糊填入擠花袋，然後擠入模型。不過動作要快，以免麵糊出水、消泡。

磅蛋糕 Q & A 常見小疑問

Q：磅蛋糕有什麼特色？

A： 磅蛋糕、杯子蛋糕都屬於麵糊類蛋糕，最大的特色是**油脂含量很高，所以入口特別綿密、化口性佳**，同時也因為組織被油脂包覆，所以適合放在陰涼的室溫保存，密封且脫氧的狀態更能有效保存。磅蛋糕的口感扎實、組織細密，品嘗一小口所能產生的熱量，遠遠超過海綿蛋糕等乳沫類蛋糕，所以，這種蛋糕通常會避免用很多奶油霜裝飾，以免口感太膩。

Q：製作磅蛋糕，選用哪一種奶油比較好？

A： 磅蛋糕的特性是重奶油配方，因此奶油是蛋糕好吃與否的重要關鍵，**建議選擇天然乳汁提煉的無鹽奶油，或是無鹽發酵奶油**，兩者都能提供最佳天然乳香。

無鹽奶油

無鹽發酵奶油

Q：除了奶油的選擇，其他還有什麼食材要注意？

A： 奶油之外，也必須注意雞蛋的取用。**必須使用常溫的雞蛋，避免使用剛從冰箱拿出來的冰雞蛋**。冰蛋液會使軟化的奶油再度變硬，不易乳化。

Q：磅蛋糕可以使用高筋麵粉製作嗎？

A： 當然可以。尤其是配方中的配料很多時，例如：綜合水果蜜餞、核桃等堅果。由於高筋麵粉的筋性強，才撐得起較重的材料。

Q ：製作磅蛋糕時，要特別留意哪些細節？

A ：通常食譜上都會提到，要先將奶油切小塊放置室溫下軟化。而奶油的融點低，如果是高溫炎熱的環境，很快就會軟化至幾乎融化，但這樣的狀態並不理想。**最好的軟化狀態是手指頭不需太出力，就可以將奶油壓扁**，偏偏這種狀態又必須考慮到室內操作時的溫度。所以操作時要記得：冬天奶油可以稍微放一下等軟化；夏天則奶油離開冰箱沒多久就可以操作了。太軟的奶油無法在攪拌過程中將材料一一融合，反而容易造成分離，成品缺乏彈性；太硬的奶油也無法順利與材料融合，會造成產品化口性不佳，也就是不好吃。

Q ：模型需要抹油撒粉嗎？

A ：到底要不要抹油、撒粉，必須依照模型材質而定。白鐵模型一定要抹油、撒粉，新型的防沾黏烤模則不必。如果麵糊是放在長方形模型中，那不論是哪一種模型，建議都要先鋪放尺寸合適的烘焙紙，再倒入麵糊，這樣烤好的蛋糕才能輕易脫模。如果是以圓形模型製作，也可以裁剪尺寸相同的圓片烘焙紙放在底部，有利烤好之後脫模。

Q ：要如何判斷奶油打發？

A ：注意盆邊是否有攪拌濺起的細絲狀。當攪拌器高速運轉時，打發的奶油會因為加速度的關係，部分奶油飛噴到攪拌盆邊，形成細絲，這種狀態就代表奶油打發了。但因為家中攪拌器的速率不同，也可以依照**奶油顏色是否變淡、奶油是否看起來飽含空氣**這兩項外觀來判斷。

盆邊有濺起的細絲狀，奶油顏色也變淡、飽含空氣。▶

Q ：拌入麵粉攪拌時，有沒有需要注意的？

A ：**拌入麵粉的動作要輕快，並且避免過度攪拌而出筋**，導致成品口感太硬。磅蛋糕的配方中一定都含有泡打粉，這個配方盡量不要省略，以免烤好的蛋糕會有看似沒烤熟的部分。

草莓杯子蛋糕 ★✩✩

討喜的粉紅奶油霜與酸甜草莓，是最受歡迎的蛋糕口味。

保存：冷藏 2 天

【材料】 50 克容量杯子蛋糕模 10 個

· **蛋糕麵糊**
無鹽奶油 110 克、細砂糖 110 克、全蛋 2 個、低筋麵粉 180 克（可使用鬆餅粉）、泡打粉 3 克（使用鬆餅粉則省略）、草莓粉 4 克、鹽 2 克、牛奶 2 大匙、香草精 1 小匙、蘭姆酒 1 小匙

· **奶油霜**
無鹽奶油 130 克、糖粉 200 克、檸檬汁 2 大匙、奶水 2 大匙、紅色食用色素適量

· **裝飾**
奶油霜、新鮮草莓適量

【事先準備】

· 模型內鋪入耐烤紙模、備好三明治擠花袋
· 烤箱以 170℃ 預熱

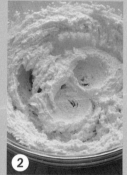

【做法】

製作麵糊

1 · 奶油切小塊後放入盆中，放在室溫下軟化，確認達到所需的軟化程度後（圖 **❶**），加入細砂糖，攪打至鬆發（圖 **❷**）。

2 · 全蛋打散，分次慢慢加入奶油糊拌勻。

3 · 麵粉、泡打粉、草莓粉和鹽混合過篩，加入做法 **2** 中，用橡皮刮刀攪拌混合。

4 · 加入牛奶、香草精和蘭姆酒拌勻成麵糊（圖 **❸**）。

入模、烘烤

5 · 將麵糊舀入杯子模型（圖 **❹**），整平，放入烤箱烤 18 ～ 20 分鐘，或以竹籤插入不沾黏。取出脫模，放置在網架上降溫。

製作奶油霜

6 · 奶油切小塊後放入盆中，放在室溫下軟化，再加入過篩的糖粉，攪打至鬆發（圖 **❺**）。

7 · 加入檸檬汁、奶水拌勻，最後加入適量色素調色。

裝飾

8 · 草莓洗淨擦乾，切小片。

9 · 完成的奶油霜放入擠花袋，袋口剪一個小洞，奶油霜擠在蛋糕表面繞圈圈，再佐以新鮮草莓片即可。

Points

1 · 草莓粉因品牌的不同而顏色深淺各異，食譜中的份量可斟酌增減。

2 · 草莓粉能夠提供香氣，但若希望蛋糕體呈現粉紅色，仍須添加少許食用色素。

維多利亞女王蛋糕 ★★☆

VICTORIA SPONGE CAKE

扎實的磅蛋糕體搭配打發鮮奶油、糖粉，品嘗單純的英式經典蛋糕。

保存：冷藏 2 天

【材料】7 吋圓形蛋糕模 1 個

- **蛋糕麵糊**

無鹽奶油 180 克、細砂糖 180 克、全蛋 180 克、低筋麵粉 180 克、泡打粉 1/2 小匙、鹽 2 克、牛奶 2 大匙、柑橘酒 1 小匙、香草精 1/2 小匙

- **打發鮮奶油**

動物性鮮奶油 300 克、細砂糖 24 克、柑橘酒 1 小匙

- **夾餡和裝飾**

新鮮草莓 300 克、糖粉適量

【事先準備】

- 備好 7 吋圓形蛋糕模，裁一張與模型底部同尺寸的烘焙紙，鋪入。

- 烤箱以 170°C 預熱

【做法】

製作麵糊

1・奶油切小塊後放入盆中，放在室溫下軟化，確認達到所需的軟化程度後（圖 ❶），加入細砂糖，攪打至鬆發（圖 ❷）。

2・全蛋打散，分次慢慢加入奶油糊（圖 ❸）拌勻（圖 ❹）。

3・麵粉、泡打粉和鹽混合過篩，加入做法 2 中，用橡皮刮刀攪拌混合。

4・加入牛奶、柑橘酒和香草精拌合成麵糊。

入模、烘烤

5・將麵糊倒入模型中，整平，放入烤箱烤 25 ～ 30 分鐘，或以竹籤插入不沾黏。

6・取出烤好的蛋糕立刻脫模，直到蛋糕完全降溫，再以鋸齒刀將蛋糕橫剖成兩片。

製作打發鮮奶油

7・動物性鮮奶油放入盆中，加入細砂糖和柑橘酒，底部隔冰水，攪打至鬆發起泡，約 8 成鬆發，就是鮮奶油可以附著在打蛋器上不掉落的程度（圖 ❺）。

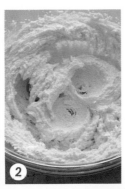

下一頁還有做法 ↓

處理水果

8‧草莓洗淨擦乾，保留 1 顆完整的草莓，留蒂頭，其他都去蒂頭，縱向切半，放在廚房紙巾上吸乾水分。

組合、裝飾

9‧將下半部的蛋糕放在轉枱上，表面塗抹少許鮮奶油（圖 **6**、**7**），鮮奶油不可露出蛋糕體外，在蛋糕外圍整齊鋪排一圈切半的草莓，切面向下、尖頭向外。

10‧圍著中間的部分放上剩餘的切半草莓，緊緊鋪排。

11‧草莓上再塗抹剩餘的鮮奶油，鮮奶油同樣不可露出蛋糕體外，然後蓋上另一片蛋糕。

12‧最後於蛋糕表面撒上適量糖粉，裝飾一顆草莓即可。

Points

1‧製作磅蛋糕時，奶油需要的軟化程度與製作奶酥餅乾的程度略有不同。奶酥餅乾需要「非常徹底軟化」的程度，也就是手指頭不需出力就可以將奶油壓扁，而磅蛋糕的軟化程度則是「稍微軟化」，就是手指頭可輕鬆壓扁，電動攪拌頭可以快速打軟的程度。

2‧加入蛋液的時候要分次加入，並且確定之前加入的蛋液已經與材料充分混合，才能繼續加入新的蛋液。

3‧任何一款蛋糕裝飾的時候，準備傳統轉枱一座，可以讓裝飾的動作順利進行，也讓成品看起來更完整、出色。

▲ 蛋糕轉枱依材質、高低，有許多選擇。

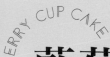

藍莓杯子蛋糕

小巧可愛的造型，送禮、自己享用都適合！ ★☆☆

保存：室溫 1 天、冷藏 3 天、冷凍 2 星期

【材料】 50 克容量杯子蛋糕模 10 個

• 蛋糕麵糊
無鹽奶油 110 克、細砂糖 110 克、全蛋 2 個、低筋麵粉 180 克（可使用鬆餅粉）、泡打粉 3 克（使用鬆餅粉則省略）、鹽 2 克、牛奶 2 大匙、香草精 1 小匙、蘭姆酒 1 小匙、藍莓 100 克

• 裝飾
奶油霜（材料、做法參照 **P.65**）適量、新鮮藍莓、草莓和薄荷葉適量

【事先準備】

- 模型內鋪入耐烤紙模
- 烤箱以 **170℃** 預熱

【做法】

製作麵糊

1· 奶油切小塊後放入盆中，放在室溫下軟化，確認達到所需的軟化程度後，加入細砂糖，攪打至鬆發。

2· 全蛋打散，分次慢慢加入奶油糊拌勻。

3· 麵粉、泡打粉和鹽混合過篩，加入做法 **2** 中，用橡皮刮刀攪拌混合。

4· 加入牛奶、香草精和蘭姆酒，再加入藍莓拌合成麵糊。

入模、烘烤

5· 將麵糊舀入杯子模型，整平，放入烤箱烤 **18 ～ 20** 分鐘，或以竹籤插入不沾黏。取出，放置在網架上降溫。

裝飾

6· 蛋糕表面擠上奶油霜，再佐以新鮮藍莓、草莓和薄荷葉裝飾即可。

Points **1**· 使用冷凍藍莓之前，要先用廚房紙巾吸乾多餘的水分，混合時不可過度用力擠壓，以免藍莓破碎。

2· 新鮮或冷凍藍莓皆可製作；如果使用藍莓乾，改成 2 大匙即可。

大理石磅蛋糕 ★☆☆

MARBLE POUND CAKE

兩種麵糊交錯融合，兼具視覺效果與口感！

保存：室溫 2～3 天、冷凍 1 個月

【材料】 7×18 公分 1 個

• 原味麵糊

無鹽奶油 110 克、細砂糖 120 克、鹽 2 克、全蛋 102 克、低筋麵粉 120 克、泡打粉 1/4 小匙、奶水 30 克、蘭姆酒 1 大匙、香草精 1 小匙

• 可可麵糊

可可粉 6 克、小蘇打粉 1/4 小匙、溫開水 10 克、原味麵糊 120 克

【事先準備】

• 備好 7×18 公分長條模型，在模型內底部、周圍鋪好烘焙紙，或是抹油、撒粉；不沾模薄塗油脂即可。

• 烤箱以 170℃ 預熱

【做法】

製作原味、可可麵糊

1· 奶油切小塊後放入盆中，放在室溫下軟化，確認達到所需的軟化程度後，加入細砂糖、鹽，攪打至鬆發。

2· 全蛋打散，分次慢慢加入奶油糊拌勻，再加入香草精拌勻。

3· 麵粉、泡打粉和鹽混合過篩，加入做法 **2** 中，用橡皮刮刀攪拌混合，再加入奶水、蘭姆酒拌勻成麵糊。

4· 可可粉、小蘇打粉混合，加入溫開水攪拌溶解，再加入 120 克的原味麵糊，拌勻成可可麵糊。

混合麵糊

5· 將原味、可可兩種麵糊混合，但是不要拌勻。

入模、烘烤

6· 混合好的麵糊倒入模型，整平，放入烤箱烤 25～30 分鐘，或以竹籤插入不沾黏。

7· 取出蛋糕，立刻脫模，放置在網架上降溫即可。

Points

1· 磅蛋糕這類重奶油蛋糕，最好是以密封脫氧包裝，再放在室溫下，可以保持蛋糕入口即化的軟綿口感。如果因為太炎熱而擔心滲出油脂，建議切片後單片真空包裝，以冷凍方式保存。

2· 重奶油蛋糕因為冷藏溫度會導致組織老化，影響口感，因此不適合冷藏。使用鹼化過的深色可可粉，兩種麵糊對比的效果會比較明顯。

香蕉核桃蛋糕 ★☆☆

WALNUT CAKE BANANA

濃郁的香蕉香氣、核桃的咀嚼感，一款樸實美味的蛋糕！

保存：室溫 2 ～ 3 天、冷凍 1 個月

【材料】 7×18 公分 2 個

核桃 75 克、低筋麵粉 200 克、泡打粉 1/2 小匙、肉桂粉 1/2 小匙、無鹽奶油 180 克、細砂糖 110 克、鹽 3 克、全蛋 120 克、香蕉泥 150 克、牛奶 35 克

【事先準備】

- 備好 7×18 公分長條模型，在模型內底部、周圍鋪好烘焙紙，或是抹油、撒粉；不沾模薄塗油脂即可。
- 烤箱以 160°C 預熱

【做法】

乾炒核桃

1・核桃切碎，放入平底鍋以小火乾炒，直到香氣散出，離火。

製作麵糊

2・麵粉、泡打粉和肉桂粉混合後篩入盆中，加入放在室溫已軟化的奶油、細砂糖和鹽，混合拌勻。

3・全蛋打散，分次慢慢加入做法 2 中拌勻。

4・加入香蕉泥、牛奶拌勻，最後加入核桃稍微拌一下，即成麵糊。

入模、烘烤

5・麵糊倒入模型，整平，放入烤箱烤 25 ～ 30 分鐘，或直到蛋糕表面金黃上色，以竹籤插入不沾黏。

6・取出烤好的蛋糕立刻脫模，放置在網架上降溫。

Points

1・這一款蛋糕是採用「粉油拌合法」製作，操作過程相當簡單，成功率高。

2・香蕉可選擇稍微軟一點的，做成蛋糕香氣足且易於拌合。

【材料】 直徑 8 公分耐熱烤皿 4 個

• **安格蕾醬汁**
牛奶 250 克、香草精 1 小匙、蛋黃 35 克（約 2 個）、細砂糖 50 克

• **蛋黃糊**
牛奶 125 克、蛋黃 55 克（約 3 個）、細砂糖 45 克、柳橙皮末 1 小匙、鹽 1/2 小匙、柑橘酒 1 小匙、香草精 1 小匙

• **蛋白霜**
蛋白 100 克（約 3 個）、細砂糖 90 克

【事先準備】

• 備好冰鎮用的冰塊水放入攪拌盆（製作安格蕾醬汁用）、保鮮膜

• 備好直徑 8 公分耐熱陶瓷模型 4 個，取份量外的融化奶油塗抹模型內側、底部，再撒上一層細砂糖覆蓋。

• 烤箱以 **170°C** 預熱

【做法】

製作安格蕾醬汁

1 • 牛奶、香草精倒入湯鍋中加熱，煮至即將沸騰前關火。

2 • 蛋黃放入盆中，加入細砂糖，隔水加熱攪拌直到糖融化，而且蛋黃鬆發黏稠、顏色泛白、體積膨脹。

3 • 牛奶慢慢倒入做法 2 中拌勻，再倒回做法 1 湯鍋，以小火加熱，並擦底攪拌，放入溫度計測量，當醬汁加熱至 80 ～ 85°C 時，關火。

4 • 醬汁立刻倒入乾淨的盆內，隔冰水降溫，邊降溫邊攪拌，完全冷卻後即可放入冰箱冷藏備用。

製作蛋黃糊

5 • 牛奶倒入湯鍋中煮沸。蛋黃放入盆中，加入細砂糖，隔水加熱攪拌直到糖融化，而且蛋黃鬆發黏稠、顏色泛白、體積膨脹。

6 • 加入柳橙皮末、鹽拌勻（圖 ❶），再慢慢倒入熱牛奶（圖 ❷）拌勻，接著倒回湯鍋，以小火邊煮邊攪拌（圖 ❸），直到材料沸騰（圖 ❹），關火。

7・加入柑橘酒、香草精混合，略降溫後表面緊貼保鮮膜（圖 ❺），放一旁等完全降溫。

打發蛋白

8・蛋白放入乾淨的盆中，先以快速打至起泡，再分次加入細砂糖，以中速攪打，慢慢攪打至乾性發泡狀態（圖 ❻）。

完成麵糊

9・取 1/3 量的蛋白霜加入蛋黃糊中（圖 ❼）輕輕拌勻，再加入剩餘的蛋白霜，用刀切的方式拌勻成麵糊。

入模、烘烤

10・將麵糊倒入模型中（圖 ❽），模型輕敲桌面幾下，拇指沿著模型杯緣繞一圈，讓蛋糕不沾黏且可以順利向上膨脹。

11・放入烤箱烤 **30** 分鐘，烤好之後取出，表面撒上糖粉，或是挖一個洞，搭配安格蕾醬汁，趁熱立刻享用。

Points

1・製作安格蕾醬汁時，如果不想放香草精，可以改放柑橘酒或是蘭姆酒。此外，若擔心失敗，可以採「隔水加熱」法，避免醬汁煮過頭。

2・安格蕾醬汁可放冰箱冷藏保存 2 天。

3・模型中抹油要均勻、撒糖要足夠，這兩個要件是讓蛋糕遇熱膨脹的因素。

4・舒芙蕾因為不含麵粉，所以離開烤箱之後會遇冷縮回，因此把握蛋糕在熱的狀態下品嘗，是這道點心美味之處。

【材料】 7 吋圓形慕斯框 1 個

・手指蛋糕
蛋白 100 克（約 3 個）、細砂糖 95 克、蛋黃 55 克（約 3 個）、低筋麵粉 95 克、糖粉適量

・圍邊與蛋糕體
圍邊用的手指蛋糕（寬 7× 長 30 公分）2 片、螺旋狀蛋糕體（直徑約 17 公分）1 片

・芭芭露亞
牛奶 250 克、香草精 1 小匙、蛋黃 55 克（約 3 個）、細砂糖 60 克、吉利丁 4 片、動物性鮮奶油 150 克、細砂糖 10 克、柑橘酒 1 小匙

・水果與裝飾
蘋果、鳳梨、奇異果、紅石榴各適量、杏桃果膠 1 大匙、水 2 大匙

【事先準備】

- 備好 7 吋圓形慕斯模，慕斯框內側先固定好圍邊的塑膠片。
- 烤盤鋪烘焙紙、擠花袋、直徑 1 公分平口花嘴
- 烤箱以 200℃ 預熱（手指蛋糕）

【做法】

製作手指蛋糕

1・烤盤上鋪烤墊，慕斯圈沾上麵粉，在烤墊上做記號（圖❶）。

2・蛋白放入盆中，先以快速打至起粗粒泡沫，再分 2 次加入細砂糖，以中速慢慢攪打至乾性發泡狀態。

3・加入蛋黃（圖❷），攪拌器不插電，以刮刀或手握攪拌頭快速繞幾圈，這個動作不要超過 5 秒（圖❸）。

4・加入過篩的麵粉，用橡皮刮刀快速繞圈，擦底攪拌混合（圖❹），不需拌得很均勻，殘留少許麵粉或看到蛋白、蛋黃泡沫沒拌勻都無妨。

5・將做法 **4** 填入裝了平口花嘴的擠花袋中，擠出 2 個直徑 17 公分螺旋狀（圖❺）、2 排寬 7× 長 30 公分的長形麵糊（圖❻）。

6・在麵糊表面撒上足夠的糖粉（圖❼），放入烤箱烘烤 12～14 分鐘。

7・取出烤好的蛋糕放在網架上降溫，不燙手後隨即連同烤墊翻面，輕輕地將烤墊撕離蛋糕體，再將蛋糕體翻轉正面，放在網架上。

蛋糕體入模

8‧以鋸齒刀先修整長形手指蛋糕體，修整擠花麵糊的收尾末端那一邊，就是比較不平整的那一端，而非麵糊的開端（圖 **❽**）。

9‧將螺旋狀蛋糕體鋪在底部，如果蛋糕太大片（圖 **❾**），用剪刀修剪成合適的尺寸（應比模型小一圈，因為等一下要塞入長形手指蛋糕）。

10‧2 條長形蛋糕體以平整面朝內的方式鋪入模型中，蛋糕體的接合處要非常密合，不能鬆脫。錫箔紙圍在慕斯模型底部和邊緣，把圓形厚紙墊鋪在模型底部。（圖 **❿**）。

製作芭芭露亞

11‧牛奶、香草精倒入小湯鍋中加熱，沸騰後關火。

12‧蛋黃放入盆中，加入細砂糖，隔水加熱攪拌直到糖融化，而且蛋黃鬆發黏稠、顏色泛白、體積膨脹。

13‧熱牛奶慢慢倒入做法 **12** 中拌勻，再倒回做法 **11** 湯鍋，以小火加熱，並擦底攪拌，放入溫度計測量，當醬汁加熱至 80℃ 時關火。

14‧吉利丁浸泡冷開水軟化，取出擠乾水分，立刻加入溫熱的做法 **13** 中混合（圖 **⓫**），隔冰水降溫，備用。

15‧鮮奶油、細砂糖和柑橘酒放入盆中，打至 6 成起泡的狀態，也就是鮮奶油開始要凝固，但仍然會流動的狀態。

16‧將鮮奶油和做法 **14** 混合拌勻成芭芭露亞。

17‧芭芭露亞倒入做法 **10** 中（圖 **⓬**），放入冰箱冷藏 2 小時。

處理水果

18‧所有水果洗淨後擦乾，去皮、切片。紅石榴取籽。

19‧杏桃果膠與水混合，倒入湯鍋中，以小火煮沸，拌勻成稀釋果膠。

20‧取出蛋糕，將水果餡料鋪排在芭芭露亞表面，刷上稀釋後果膠。

21‧脫去慕斯的硬模型，再放入冰箱冷藏，等芭芭露亞和蛋糕稍微回軟，即可取出切片品嘗。

Points

1‧製作手指蛋糕麵糊時，蛋白一定要打到完全乾性發泡，蛋黃加入時才可以維持硬挺。

2‧這個配方簡單易做，但是容易消泡，所以動作務必快，不可以拖延。

3‧烤好的蛋糕體如果在烤墊或烘焙紙上完全降溫，將不容易撕開，所以當蛋糕體出爐後幾分鐘，就要撕除烤墊或烘焙紙。

4‧手指蛋糕表面撒入的糖粉選用普通糖粉即可，不可撒入防潮糖粉。

5‧蛋糕體入模時，圍邊和鋪底的蛋糕片之間務必非常緊密貼合，以免芭芭露亞流出，導致失敗。

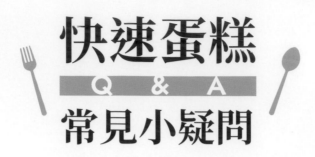

快速蛋糕
Q & A
常見小疑問

Q ：快速蛋糕好吃嗎？

A ：這是為了讓烘焙新手能快速體驗製作蛋糕的樂趣，特別設計的單元。快速蛋糕就是快速，透過泡打粉的起泡作用，讓蛋糕在烤箱中膨脹。製作快速蛋糕時，建議使用鬆餅粉（waffle-mix），鬆餅粉等於國外常用的自發麵粉（self-rising flour），就好像過年時市面上販售的發糕粉，只需要輕鬆地攪拌成麵糊，即可入烤箱。**快速蛋糕的口感比較扎實，組織偏向厚實**，而非海綿、戚風的鬆軟綿密，熱熱吃會更好吃。

Q ：可以改用橄欖油代替奶油嗎？

A ：當然可以，不過植物油、動物油的油性與香氣不一樣，蛋糕入口品嘗時就會有差異，如果單純以健康為前提則沒有關係。

Q ：為什麼烤好的馬芬口感較硬實，而且會裂開？

A ：製作快速蛋糕時，不可過度攪拌麵糊。**過度攪拌易使麵糊產生筋性，經過烘焙會產生裂痕，口感也會變硬。**

VERBENA TEA MUFFIN

馬鞭草馬芬 ⭐☆☆

馬鞭草茶獨特的香氣，讓蛋糕更顯清爽。

保存：室溫 1 天、冷藏 5 天、冷凍 1 個月

【材料】 直徑 5 × 高 4.5 公分 6 個

- **蛋糕麵糊**
低筋麵粉或鬆餅粉 140 克、泡打粉 2 克、
小蘇打粉 1/4 小匙、馬鞭草茶葉 2 克、
鹽 1/4 小匙、全蛋 1 個、細砂糖 75 克、
牛奶 125 克、無鹽奶油 45 克

- **裝飾**
白巧克力 50 克、南瓜子 1 小匙

【事先準備】

- 備好直徑 5 × 高 4.5 公分紙模 6 個
- 備好 1 個三明治擠花袋
- 烤箱以 180℃ 預熱

【做法】

製作蛋糕麵糊

1·麵粉、泡打粉和小蘇打粉混合，篩入盆中，馬鞭草茶葉、鹽倒入盆中。

2·全蛋充分打散，加入細砂糖拌勻。牛奶、奶油倒入湯鍋中，以小火加熱，當奶油融化即關火，然後倒入全蛋液內混合。

3·將乾料（做法 **1**）和濕料（做法 **2**）混合攪拌，拌至麵糊均勻滑順，如緞帶般自然下墜，即可舀入模型。

烘烤

4·放入烤箱烤 20 分鐘，或烤至蛋糕膨脹、蛋糕表面金黃上色，以竹籤插入不沾黏。

5·取出烤好的蛋糕放在網架上降溫。

裝飾

6·白巧克力切碎，隔水加熱融化，或是利用微波爐加熱融化。

7·將融化的白巧克力放入三明治擠花袋，袋口剪一個小口，擠在馬芬表面，再搭配南瓜子即可。

Points 如果使用鬆餅粉取代低筋麵粉，就不用再添加泡打粉、小蘇打粉。

87

CINNAMON MUFFIN

肉桂馬芬 ★☆☆

撒上香氣濃郁的肉桂糖，美味度更加分。

保存： 室溫 1 天、冷藏 5 天、冷凍 1 個月

【材料】 直徑 5 × 高 4.5 公分 6 個

- **蛋糕麵糊**

低筋麵粉或鬆餅粉 140 克、泡打粉 3 克、小蘇打粉 1/4 小匙、鹽 1/4 小匙、肉桂粉 1/2 小匙、荳蔻粉 1/4 小匙、金黃細砂糖或黑糖 75 克、全蛋 1 個、牛奶 125 克、無鹽奶油 45 克

- **肉桂糖**

細砂糖 1 大匙、肉桂粉 1 小匙

- **淋醬**

蜂蜜適量

【事先準備】

- 杯子蛋糕模內放入同尺寸烘焙紙
- 烤箱以 180℃ 預熱

Points

1· 馬芬是歐美的簡易家庭蛋糕，又叫鬆糕，只需混合乾、濕兩種材料就可以拌成麵糊，送入烤箱烘烤。因此建議使用鬆餅粉，膨鬆效果會更好。

2· 使用鬆餅粉製作的話，可以省略泡打粉、小蘇打粉。

【做法】

製作蛋糕麵糊

1· 麵粉、泡打粉、小蘇打粉、鹽、肉桂粉、荳蔻粉和金黃細糖混合過篩入盆中。

2· 細砂糖、肉桂粉混合成肉桂糖。

3· 全蛋充分打散。牛奶、奶油倒入湯鍋中，以小火加熱，當奶油融化即關火，然後倒入全蛋液內混合。

4· 將乾料（做法 **1**）和濕料（做法 **3**）混合攪拌，直到麵糊滑順均勻，舀入模型。

烘烤

5· 麵糊表面撒上肉桂糖，放入烤箱烤 20 分鐘，或烤至蛋糕膨脹、蛋糕表面金黃上色，以竹籤插入不沾黏。

6· 烤好的蛋糕放在網架上降溫，淋上蜂蜜即可享用。

餅乾×塔×派
COOKIE×TART×PIE

　　對於烘焙新手來說，餅乾是最容易學會、最有成就感的品項。作者挑選了冰箱餅乾、糖霜餅乾、壓模餅乾和奶酥餅乾等經典品項，絕對好做又好吃。此外，塔派部分，從最簡單的蛋塔、蜜李派，到外型漂亮且能展現手藝的檸檬蛋白霜塔，讓作者告訴你最好吃的配方，甜點控們千萬別錯過。

　　以下是這個單元中的甜點，作者以自己的經驗區分難易度，讀者可自行選擇製作！

餅乾
Q & A
常見小疑問

Q：只有低筋麵粉可以用來製作餅乾嗎？

A： 當然不是，低筋、中筋與高筋，每一種筋度的麵粉都可以，必須以餅乾的種類來決定。但**低筋麵粉因為筋度低、不容易出筋，特別適合製作酥、鬆、脆的餅乾**。例如：P.102 的英式奶油酥餅，就是三種筋度的麵粉皆可使用，口感幾乎沒有差異。P.97 的法式奶油酥餅是擠花餅乾，為了讓餅乾麵團在烤箱中撐住而不變型，所以使用高筋麵粉。

Q：只有無鹽奶油可以製作餅乾嗎？

A： 當然不是，含鹽奶油、無鹽奶油皆可。使用含有鹽分的奶油製作時，首先，要記得計算奶油中的鹽含量，扣掉這個份量之後，再依照食譜決定是否需要多加鹽分。餅乾中的鹽分是為了緩和糖的甜度，因此使用量不高。必須要在意的不是有鹽無鹽，而是奶油的品質，一定要選用有品牌、來自新鮮牛奶提煉的產品，同時必須是冷藏販售的。

Q：製作餅乾時，該用細砂糖還是糖粉呢？

A： 兩種皆可。糖和奶油都是餅乾的靈魂角色，不論是細砂糖、日本的上白糖還是糖粉，都可以製作餅乾。當中的訣竅是**糖的分子越細，餅乾的組織會越細緻**。所以需依照餅乾的口感和樣式，決定要使用哪一種糖。例如：美式湯匙餅乾使用細砂糖、黑糖皆可；夾心、壓模和整型的餅乾，兩種皆可，我習慣使用糖粉。P.100 的杏仁瓦片、P.104 的達克瓦茲則建議使用細砂糖，因為達克瓦茲的麵糊柔軟，需要細砂糖撐起；杏仁瓦片則是在融化時，要靠細砂糖加熱產生光澤感。

Q：如何保存餅乾？

A： **保持乾燥、遠離潮濕，是保存餅乾的最佳方法，建議單獨脫氧包裝，也可以放入乾燥劑保持乾燥。**夾心類餅乾因為使用純奶油的夾心，不適合室溫保存，一定要單獨封口冷藏包裝，例如：P.98 的蘭姆葡萄乾夾心餅乾、P.104 的達克瓦茲。糖霜餅乾適合封口裝袋，放在室溫陰涼處存放。馬卡龍則需要單獨封口袋裝，冷凍保存，並在解凍後即刻品嘗。

Q：糖霜餅乾中的糖霜，使用蛋白粉製作好嗎？

A： 因造型顏色多變、可當作嬰兒收涎餅、情人節小禮等，糖霜餅乾這幾年非常受歡迎，那該如何自己做呢？其實只要掌握住糖霜製作即可。操作糖霜時，大部分人對使用生蛋白製作蛋白糖霜有不少疑慮，其實蛋白糖霜的糖含量很高，幾乎等於「以糖殺菌」的醃漬過程，就好比市售泡菜、蜜餞等醃漬物，利用大量鹽、糖的高滲透壓防止生菌的滋生，所以，與其擔心蛋白糖霜可不可以吃，倒不如注意餅乾體的保存期限更重要。

蘋果餅乾 ♦♦♦

可愛的蘋果冰箱餅乾，小朋友的最愛。

做法在下一頁 ↓

【材料】 約 20 片

無鹽奶油 270 克、糖粉 230 克、
鹽 4 克、全蛋 70 克、香草精 2
小匙、低筋麵粉 460 克、可可
粉 5 克、抹茶粉 4 克、草莓粉
或紅麴粉 6 克

【事先準備】

- 備好保鮮膜、烘焙紙、筷子
- 烤盤上鋪好烘焙紙
- 烤箱以 170℃ 預熱

【做法】

製作原味麵團

1·奶油切小塊後放入盆中，放在室溫下軟
化，確認軟化後加入過篩的糖粉、鹽，攪打
至鬆發。

2·全蛋打散，和香草精混勻後慢慢加入盆
中混合。

3·麵粉篩入盆中，輕輕拌勻成原味麵團。
取出 1/2 量的原味麵團以塑膠袋包裹，整平，
放入冰箱冷凍 20 分鐘。

製作可可、抹茶和草莓麵團

4·剩餘的原味麵團分成以下 3 份：一份 60
克麵團加入可可粉，揉成可可麵團。一份
200 克麵團加入抹茶粉，揉成抹茶麵團。一
份 200 克麵團加入草莓粉，揉成草莓麵團（圖
❶）整平，放入冰箱冷凍 20 分鐘。

整型

5·取出 300 克原味麵團放在保鮮膜上，分
成 2 份，搓成直徑 3× 長約 15 公分的圓柱形。

6·取出 20 克可可麵團，搓成 2 條像筷子的
長條狀。

7·抹茶和草莓麵團擀成薄片（圖❷）。

8·用筷子把原味麵團壓出一條溝（圖❸），
塞入長條可可麵團（圖❹），再封緊（圖
❺）。兩個圓柱形原味麵團互相靠攏（圖
❻），以保鮮膜包裹，放入冷凍。

9・取出草莓麵皮放在保鮮膜上，表面也蓋上保鮮膜，用擀麵棍擀成厚約 0.2 公分的片狀。2 條原味麵團放在草莓麵皮上（圖 **7**），草莓麵皮包在原味麵團外圍，多餘的麵團切除（圖 **8**）。

10・確認兩種麵團緊貼，麵團中間用手指向下按一下，做出蘋果的圖案，再放入冰箱冷凍，直到夠硬可以切片不變形（圖 **9**）。

11・抹茶麵皮擀成厚度 0.2 公分的薄片，用葉子模型壓出形狀，壓在主體餅乾下當作葉片（圖 **10**）。

烘烤

12・切片的麵團整齊排列在烤盤上（圖 **11**），放入烤箱烤 15 ～ 18 分鐘。

13・取出烤好的餅乾，放在網架上降溫，完全冷卻後即可食用。

Points

1・麵團太冰或是太軟都不適合製作造型餅乾，因此，麵團的軟硬必須確實掌控。此外，製作這類造型餅乾的主體麵團，記得要反覆按、壓，讓麵團之間沒有縫隙。

2・製作時建議戴上手套，或是以保鮮膜隔離，儘量不要以雙手直接碰觸麵團，手部保持乾淨，比較容易操作。

3・取出冰過的麵團放在室溫時，要打開保鮮膜，以免麵團產生水氣。此外，用過的保鮮膜不要重複使用。

4・造型完成的麵團一定要冷凍變硬，才容易切片。

5・蘋果餅乾的外皮紅色或綠色都可以，所以這兩種色的麵團重量會比較多。

GALETTE COOKIE

卡雷特 ★★☆

口感酥脆、濃郁奶油香氣的法式經典餅乾！

保存：室溫 7 天、冷藏 2 星期

【材料】 18～20 片

• **麵團**
無鹽奶油 155 克、糖粉 55 克、鹽 2 克、蛋黃 30 克、柳橙果醬 30 克、蘭姆酒 1 大匙、香草精 1 小匙、低筋麵粉 210 克、泡打粉 1/4 小匙

• **其他**
蛋黃液（塗抹用）適量

【事先準備】

• 備好烘焙紙、保鮮膜、塑膠袋、直徑 5 公分圓形空心壓模 1 個、直徑 6 公分圓形空心壓模至少 6 個以上
• 烤盤上鋪好烘焙紙
• 烤箱以 **160℃** 預熱

【做法】

製作麵團

1・奶油切小塊後放入盆中，放在室溫下軟化，確認軟化後加入過篩的糖粉、鹽，攪拌至鬆軟、奶油顏色變淡。

2・加入蛋黃拌勻，再加入柳橙果醬、蘭姆酒、香草精拌勻。

3・加入混合過篩的麵粉、泡打粉，改用橡皮刮刀將材料拌成麵團。

4・麵團放入塑膠袋中，送入冰箱冷凍 20 分鐘或冷藏 2 小時。

整型、烘烤

5・將麵團以兩張保鮮膜上下覆蓋，擀成厚約 0.4 公分的麵皮，再次放入冰箱冷凍冰硬。

6・取出薄片麵皮，以直徑 5 公分空心壓模，壓出圓形片狀麵皮，整齊排列在烤盤上。

7・麵皮表面以蛋黃液塗抹，用叉子或竹籤畫出交叉的紋路，再用直徑 6 公分空心壓模套住，放入烤箱烘烤 15～18 分鐘。

8・烤好之後連同烤盤取出，等烤盤不燙手，取出餅乾放在網架上降溫。

Points 1・因為烘烤時麵團會膨脹擴散，若沒有以模型套住，卡雷特的特殊造型將無法呈現。

2・擀壓麵團時如果麵團變軟，無法順利扣出形狀，要放入冰箱冷凍 20 分鐘後再取出操作。

法式巧克力奶油酥餅

CHOCOLATE BUTTER COOKIE ★☆☆

濃郁的奶油、可可香，是讓人欲罷不能，一吃再吃的經典餅乾。

保存： 室溫 7 天、冷藏 2 星期、冷凍 1 個月

【材料】約 50～60 片

• **麵團**
無鹽奶油 140 克、糖粉 100 克、全蛋 1 個、高筋麵粉 220 克、純可可粉 30 克、牛奶 1 大匙、香草精 1/2 小匙

• **其他**
酒漬櫻桃適量

【事先準備】

• 備好烘焙紙、菊形花嘴、擠花袋
• 烤盤上鋪好烘焙紙
• 烤箱以 **170℃** 預熱

【做法】

製作麵團

1・奶油切小塊後放入盆中，放在室溫下軟化，確認軟化後加入過篩的糖粉，攪拌至鬆軟、奶油顏色變淡。

2・全蛋打散，分次加入拌勻，再加入香草精、牛奶。

3・加入過篩的麵粉、純可可粉翻拌成麵團。

擠出麵團

4・菊形花嘴裝入擠花袋中，填入麵團，整齊地擠在烤盤上。麵團中間擺一小片櫻桃果肉，或是擠上果醬、放堅果、耐烘烤巧克力豆。

5・放入烤箱烤 15～17 分鐘。取出烤好的餅乾，放在網架上降溫，完全冷卻後即可食用。

Points

1・奶油一定要確實軟化（手指頭不需用力就可壓軟），否則攪拌完成的麵糊會很硬。

2・用高筋麵粉製作是為了避免麵糊在高溫烘烤下過度變形，但是高筋麵粉混合而成的麵糊會比較硬，所以當攪拌完成的麵糊偏硬，不要太緊張，可以放在廚房溫暖的位置，讓麵糊稍微軟化再擠出。

3・這個配方做出來的麵糊不會因為高溫烘烤而嚴重變形，可放心製作。

蘭姆葡萄乾夾心餅乾 ★☆☆

蘭姆酒香的夾餡與葡萄乾，讓樸實的餅乾風味更具層次。

保存：冷藏 5 天、冷凍 4 星期

【材料】8 組

・麵團
無鹽奶油 105 克、糖粉 54 克、全蛋 30 克、香草精 1/2 小匙、低筋麵粉 145 克、全蛋液（塗刷用）適量、手粉（高筋麵粉）適量

・酒漬葡萄乾
葡萄乾 50 克、蘭姆酒 35 克

・奶油夾心
無鹽奶油 100 克、糖粉 200 克、動物性鮮奶油 15 克、白蘭地 15 克

【事先準備】

- 備好保鮮膜、烘焙紙、塑膠袋、7×3.5 公分中空模
- 烤盤上鋪好烘焙紙
- 烤箱以 160℃ 預熱

【做法】

製作麵團

1・奶油切小塊後放入盆中，放在室溫下軟化，確認軟化後加入過篩的糖粉，攪拌至鬆軟、奶油顏色變淡（圖**❶**）。

2・加入全蛋液和香草精攪拌混合，加入過篩的麵粉，改用橡皮刮刀將材料拌成麵團（圖**❷**）。

3・麵團放入塑膠袋中，送入冰箱冷凍 20 分鐘或冷藏 2 小時。

整型、烘烤

4・工作枱上薄撒手粉，將麵團放在桌面，以兩張保鮮膜上下覆蓋，擀成厚 0.3～0.4 公分的麵皮（圖**❸**），再次放入冰箱冷凍冰硬。

5・取出麵皮，以餅乾壓模壓出形狀（圖**❹**），整齊排列在烤盤上。表面刷上蛋液，風乾後再刷一遍（圖**❺**）。

6・放入烤箱烤 15～18 分鐘，或烤至餅乾邊緣金黃上色。取出放在網架上降溫。

製作奶油夾心、組合

7・葡萄乾與蘭姆酒混合浸泡入味（圖**❻**），至少 30 分鐘，使用前瀝乾酒汁。

8・奶油、過篩的糖粉混合攪拌至完全鬆發、變白，加入鮮奶油、白蘭地拌勻成奶油夾餡。

9・兩片餅乾中間依序擠入適量奶油夾心，再夾入 5 顆酒漬葡萄乾即可（圖**❼**）。

Points

1・奶油霜因為加入了鮮奶油調整軟硬，所以無法長時間冷藏保存，但可以選擇冷凍保存。

2・麵皮在擀製的過程中易變軟，若無法順利壓出形狀，必須先放入冰箱冷凍冰硬，再取出操作。

3・麵團可以冷凍保存，隨時取出整型、烘烤。

ALMOND TUILE

杏仁瓦片 ✦✧✧

薄脆的餅乾搭配香酥杏仁片，一吃就停不下來！

保存：室溫 2 星期、冷凍 1 個月

【材料】 約 18 片

蛋白 100 克、細砂糖 75 克、無鹽奶油 35 克、鹽 2 克、低筋麵粉 30 克、香草精 1/2 小匙、杏仁片 175 克

【事先準備】

- 備好烘焙紙、保鮮膜、湯匙
- 烤盤上鋪好烘焙紙
- 烤箱以 130°C（烤杏仁片）、170°C（烤餅乾）預熱

【做法】

製作麵糊

1·杏仁片平鋪在烤盤上，放入烤箱先以 130°C 烘烤 7 分鐘，中間翻動一次。烤好之後立刻取出，放著降溫。

2·蛋白、細砂糖混合放入盆中，隔水加熱攪拌，直到細砂糖溶解。

3·奶油、鹽混合放入小盆中，隔水加熱融化。

4·麵粉過篩，分次加入做法 2 中拌勻，然後加入做法 3（融化的奶油）拌勻，最後再加入杏仁片拌勻成麵糊。

5·麵糊蓋上保鮮膜，放入冰箱冷藏 1 小時鬆弛。

整型、烘烤

6·以湯匙挖出每份約 25 克的小團，整齊排列在烤盤上，用沾濕的叉子將麵團攤平成薄圓片。

7·放入烤箱烘烤 20 ～ 25 分鐘，或烤至餅乾邊緣金黃上色。連同烤盤取出，放在網架上降溫，當烤盤不燙手，再把餅乾一片片取下即可。

Points 杏仁瓦片一定要烤至餅乾表面整體均勻上色，如果中間偏白，代表餅乾還要繼續烘烤。推開麵糊需要儘量平整，才不會導致邊緣焦、中間白。

果醬夾心餅乾

依喜好選擇不同口味的果醬，
讓餅乾呈現不同風味。

保存：冷藏 4 星期

【材料】 8 組

• 麵團
無鹽奶油 105 克、糖粉 54 克、全蛋 30
克、香草精 1/2 小匙、低筋麵粉 145 克

• 夾心和其他
橘子果醬適量、草莓果醬適量、防潮糖
粉適量

【事先準備】

• 備好烘焙紙、塑膠袋、保鮮膜、餅
　乾壓模、直徑 1.5 公分圓形壓模

• 烤盤上鋪好烘焙紙

• 烤箱以 160°C 預熱

【做法】

製作麵團

1 · 奶油切小塊後放入盆中，放在室溫下軟化，確認軟化後加入過篩的糖粉，攪拌至鬆軟、奶油顏
色變淡。

2 · 加入全蛋液和香草精攪拌混合，加入過篩的麵粉，改用橡皮刮刀將材料拌成麵團。

3 · 麵團放入塑膠袋中，送入冰箱冷凍 20 分鐘或冷藏 2 小時。

整型、烘烤

4 · 將麵團以兩張保鮮膜上下覆蓋，擀成厚約 0.2 公分的麵皮，再次放入冰箱冷凍冰硬。

5 · 取出麵皮，以餅乾壓模壓出形狀，整齊排列在烤盤上，接著以直徑 1.5 公分的圓形壓模，在 2
片 1 組的餅乾的另一片中間，壓出一個空心。

6 · 放入烤箱烤 12 ～ 15 分鐘，或烤至餅乾邊緣金黃上色。取出放在網架上降溫。

組合

7 · 將實心的餅乾表面塗滿果醬，空心的餅乾撒滿糖粉，兩片餅乾疊起即可。

Points 1 · 壓餅乾的空心片時，選用尺寸剛好的壓模，可以避免麵皮斷裂折損。

2 · 麵團可以冷凍保存，隨時取出整型、烘烤。

英式奶油酥餅

SHORTBREAD COOKIE

入口即化的酥鬆，下午茶
點心的首選！

保存：室溫 5～7 天、冷藏 2 星期、冷凍 1 個月

【材料】 約 8 片

中筋麵粉 120 克、玉米粉 15 克、鹽少許、
無鹽奶油 90 克、細砂糖 45 克、香草精 1/2 小匙

【事先準備】

- 備好小刀、叉子、7 吋圓形派盤 1 個
- 烤盤上鋪好烘焙紙
- 烤箱以 160°C 預熱

【做法】

製作麵團

1·麵粉、玉米粉和鹽混合過篩，備用。

2·奶油切小塊後放入盆中，放在室溫下軟化，確認軟化後加入細砂糖攪打至略鬆發（圖**❶**），再加入香草精拌勻。

入模、烘烤

3·加入做法 1 翻拌成團，填入模型中整平（圖**❷**），先以小刀在表面淺劃出 4 條對等線（圖**❸**），再用叉子戳出幾個小洞（圖**❹**），將麵團淺劃 8 等分的三角形。

4·放入烤箱烤約 20 分鐘，或至餅乾表面乾燥，呈淡金黃色。

5·烤好之後連同派盤放在網架上降溫，降溫後將餅乾反轉脫模。餅乾正面放在砧板上，順著淺痕切割成片即可。

Points　**1**·沒有模型輔助的時候，可將麵團擀平成厚度約 0.4 公分的片狀，表面以叉子戳出數個小洞，再以廚刀切割出整齊形狀，排列在烤盤上烘烤。

2·麵團可以冷凍保存，想吃的時候隨時取出整型烘烤。

弗羅倫丁 ★★☆

除了杏仁片，拌入果乾、核果，口感更加豐富。

保存：室溫 7 天、冷凍 1 個月

【材料】 約 12 片

蜂蜜 25 克、動物性鮮奶油 60 克、細砂糖 50 克、鹽 2 克、杏仁片 75 克、南瓜籽仁 35 克、橘皮蜜餞丁 35 克

【事先準備】

- 直徑 5 ～ 6 公分馬芬模
- 馬芬模內側薄塗油脂
- 烤箱以 150℃ 預熱

【做法】

1・蜂蜜、鮮奶油、細砂糖和鹽依序放入湯鍋中，以小火煮至 120℃，關火。

2・加入杏仁片、南瓜籽仁和蜜餞丁，快速攪拌均勻。

3・模型排在烤盤上，將做法 **2** 舀入模型中，整平。

4・放入烤箱烘烤 15 分鐘。連同烤盤取出，放冷卻之後脫模即可。

Points

1・在做法 **1** 中，全程使用小火煮，以免大火容易燒焦，導致焦糖有苦味。

2・也可以不使用模型，直接將做法 **3** 倒在烘焙紙上推成一大片，烤好之後再切成小片。

達克瓦茲 ★★★

充滿杏仁奶油香氣的蛋白餅，搭配巧克力夾心的法式傳統糕點！

【材料】 約 20 組

- **麵糊**
杏仁粉 110 克、糖粉 70 克、低筋麵粉 20 克、蛋白 125 克（約 4 個）、細砂糖 85 克

- **巧克力甘納許**
苦甜巧克力碎 100 克、動物性鮮奶油 125 克、無鹽奶油 15 克

- **夾心和其他**
巧克力甘納許 230 克、糖粉適量

【事先準備】

- 備好擠花袋、平口花嘴、專用橢圓模型、矽利康烤墊
- 烤箱以 150℃ 預熱

【做法】

製作麵糊

1‧杏仁粉、糖粉和麵粉混合過篩，備用。模型放在烤墊上（圖❶）。

2‧蛋白放入乾淨的盆中，先以快速打至起泡，再分次加入細砂糖，以中速攪打，慢慢攪打至乾性發泡狀態（圖❷）。

3‧加入過篩的杏仁粉、糖粉和麵粉，用橡皮刮刀輕輕攪拌直到看不見粉狀，即成麵糊（圖❸、❹）。

入模、烘烤

4‧平口花嘴裝入擠花袋中，填入麵糊，擠在模型上，表面以刮刀抹平（圖❺、❻）。

5‧取出模型之前，先以牙籤快速地沿著模板繞一圈，再慢慢提起模型（圖❼）。

6‧麵糊表面撒上糖粉，等待糖粉反潮之後（圖❽），再撒第二次糖粉。

7‧放入烤箱烘烤 20 ～ 25 分鐘，中途打開烤箱門將烤盤調頭，以免烤色不均。連同烤盤取出烤好的餅乾，當烤盤不燙手時取下餅乾，放在網架上降溫。

製作巧克力甘納許、組合

8‧巧克力碎放入盆中，倒入沸騰的鮮奶油混合，靜置約 1 分鐘，再以橡皮刮刀輕輕拌勻，加入奶油輕輕拌勻。放於一旁至完全降溫，放入冰箱冷藏冰涼。

9‧取 2 片餅乾，中間擠上巧克力甘納許夾起即可。

Points

1‧可以改用小慕斯空心模製作，或是直接在烤盤上把麵糊擠成一個圓形。

2‧烤得越久餅乾上色越明顯，也越乾燥，大家可以反覆嘗試，決定自己喜歡的烘烤時間。但麵糊很快消泡，整型的速度要快。

可愛糖霜餅乾 ★★★

CUTE ICING COOKIE

顏色與造型，可依個人喜好製作的百變餅乾。

保存：室溫1星期、冷藏2星期、冷凍1個月（糖霜餅乾）
冷藏3天，冷凍1星期（未調色的硬糖霜）；當天使用完畢（已調水的軟糖霜）

【材料】 400克麵團2份

・原味麵團
無鹽奶油105克、糖粉84克、鹽2克、蛋黃20克、香草精1/2小匙、低筋麵粉210克

・可可麵團
無鹽奶油105克、糖粉84克、鹽2克、蛋黃20克、香草精1/2小匙、低筋麵粉185克、純可可粉25克

・糖霜
糖粉315克、蛋白50克、檸檬汁少許、食用色素（紅、綠、藍）少許

【事先準備】

・備好烘焙紙、塑膠袋、保鮮膜、牙籤、三明治擠花袋、餅乾壓模
・烤箱以 170℃ 預熱

【做法】

製作原味麵團

1・奶油切小塊後放入盆中，放在室溫下軟化，確認軟化後加入過篩的糖粉、鹽，攪拌至鬆軟、奶油顏色變淡。

2・加入蛋黃和香草精攪拌混合，再加入過篩的麵粉，改用橡皮刮刀將材料拌成麵團。

3・麵團放入塑膠袋中，送入冰箱冷凍20分鐘或冷藏2小時。

整型、烘烤

4・將麵團放在桌面，以兩張保鮮膜上下覆蓋，擀成厚0.2公分的麵皮，再次放入冰箱冷凍冰硬。

5・取出麵皮，以餅乾壓模壓出各種形狀（圖❶），整齊排列在烤盤上，放入烤箱烘烤12～15分鐘，或烤至餅乾邊緣微微金黃上色，取出放在網架上降溫。

製作糖霜

6・糖粉、蛋白倒入盆中混合，先以網狀攪拌器拌勻（圖❷），再用電動攪拌器仔細攪拌（圖❸）。此時加入少許檸檬汁調整滑順程度，也當作調味劑（圖❹）。

7・糖霜分成2份，軟糖霜的話，要確認糖霜下墜

下一頁還有做法 ↓

成緞帶狀流動滑順（圖 **❺**）。

8・硬糖霜的話，可視情況加入少許的糖粉（份量外），攪拌成硬糖霜，也就是提起刮刀時，糖霜應呈倒三角而不會滴落（圖 **❻**）。

糖霜調色

9・沾取適量食用色素，調好顏色，填入三明治袋中（圖 **❼**、**❽**、**❾**）。

10・糖霜可加入冷開水調整軟硬度（圖 **❿**）。所有顏色都需要調一份硬糖霜、一份軟糖霜（圖 **⓫**）。

組合

11・取一片烤好的餅乾，在外框畫上硬糖霜線條（圖 **⓬**）。

12・內部填滿相同顏色的軟糖霜（圖 **⓭**），填入之後要迅速以牙籤將糖霜填滿框框內，快速左右搖動餅乾，讓糖霜分佈平均。

13・花瓣正中間點上深紅色小圓點裝飾（圖 **⓮**），等糖霜變硬即可。

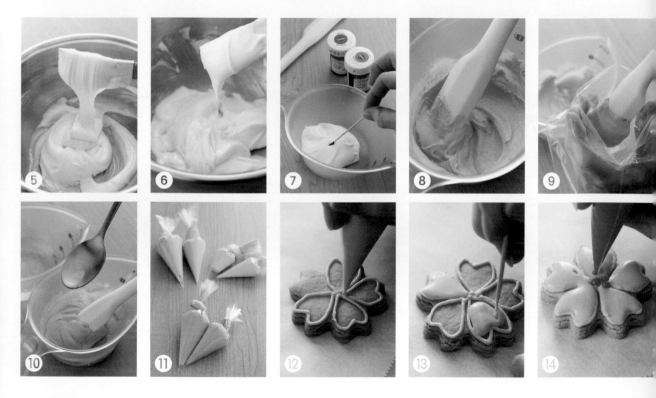

Points

1・檢查軟糖霜是否呈現剛好滑順的狀態，除了看下墜的緞帶狀，還要計算下墜糖霜與盆內糖霜融合的秒數，理想應控制在 10 秒內。

2・與空氣接觸太久的糖霜不可使用，必須重新調製。

3・糖霜調色後，先取少部分硬糖霜入袋，剩餘的糖霜再加水微調，調節軟硬度。

4・填入軟糖霜時，以覆蓋大致範圍即可，不需填得很精密，精密處由牙籤推開即可，動作務必快速。

5・ P.106 照片中的深咖啡色餅乾，是竹炭可可餅乾，做法可參照 P.109。

聖誕糖霜餅乾

白色的糖霜和緞帶、糖珠，讓這
款餅乾充滿了聖誕氛圍。

保存：室溫 1 星期、冷藏 2 星期、冷凍 1 個月（糖霜
餅乾）；冷藏 3 天，冷凍 1 星期（未調色的硬
糖霜）；當天使用完畢（已調水的軟糖霜）

【材料】400 克麵團 1 份

• 竹炭可可麵團
無鹽奶油 105 克、糖粉 84 克、鹽 2 克、蛋黃
20 克、蘭姆酒 1/2 小匙、低筋麵粉 185 克、可
食用竹炭粉 3 克、純可可粉 22 克

• 蛋白粉糖霜
蛋白粉 5 克、溫水 30 克、糖粉 190 克

• 裝飾和其他
可食用糖珠適量、金色食用色素適量

【事先準備】

• 備好烘焙紙、塑膠袋、保鮮膜、三明治擠花
袋、聖誕造型餅乾壓模、緞帶

• 烤箱以 **170°C** 預熱

【做法】

製作竹炭可可餅乾
1・參照 **P.107** 的做法 **1**，將奶油糊攪拌至鬆軟、奶油顏色變淡。
2・加入蛋黃、蘭姆酒攪拌混合，再加入過篩的麵粉、竹炭粉和純可可粉，改用橡皮刮刀將材料拌成
麵團。麵團放入塑膠袋中，送入冰箱冷凍 **20** 分鐘或冷藏 **2** 小時。

整型、烘烤
3・參照 **P.107** 的做法 **4**、**5** 完成竹炭可可餅乾。

製作蛋白粉糖霜
4・將蛋白粉、溫水和糖粉加入盆中，用電動攪拌器仔細攪拌直到出現光澤，即成硬糖霜。
5・取一部分硬糖霜填入擠花袋，剩餘的糖霜加少許冷開水，調整成軟糖霜。

組合
6・以硬糖霜畫邊框時，不要離餅乾邊緣太近，要保留一點距離。
7・內部擠入軟糖霜之後，以牙籤迅速抹開、左右搖晃，並且快速黏上糖珠，以免糖霜乾硬不好沾黏。
8・硬糖霜加入金色色素，可在已經乾了的軟糖霜表面寫字，綁上緞帶。

Points 剛開始學習製作糖霜餅乾時，建議多參考圖片，多練習描繪各種圖案。

塔皮
Q & A
常見小疑問

Q：塔皮的製作方式有什麼不同？

A： 塔皮麵團的製作方式分成兩種：一種是將油脂打軟，依序加入材料的奶油攪拌法；另一種是把粉類過篩後，依序加入其他材料的沙粒搓揉法。這兩種方式做出來的塔皮只有些微差異，只有專業操作者可以看得出差異。**奶油攪拌法的塔皮因為飽含空氣，所以有較多「酥、鬆」的口感；沙粒搓揉法的塔皮因為奶油沒有被打發，只是被反覆按壓與粉類結合，因此保留了較多「酥、脆」的扎實口感。**

Q：用哪一種塔皮製作呢？

A： 依照自己的喜好口感與習慣即可。只要操作得當，不論使用哪一種方式製作的塔皮麵團，烘烤後的成品都會香酥好吃。不過要注意，這兩種塔皮麵團在**整型時都要低溫且快速，也就是麵團與雙手、室溫的接觸越短越好**，如果麵團不小心出油，會大大影響口感，建議重做一份。奶油攪拌法的麵團特別軟，這是因為空氣被打入的關係；沙粒搓揉法的麵團則會硬一些，適合還不會掌握快速操作的初學者。

Q：為什麼有的塔皮要先烤熟？有的不必？

A： 配方中只要是填入熟餡料和水果的，都必須先將塔皮烤熟。塔皮預先烤熟的動作稱作「盲烤」，也就是生塔皮整型入模，表面鋪烤紙，放入重石或豆子，將塔皮烤至全熟，例如：P.114 的巧克力塔。有些配方的餡料是生餡料，必須和塔皮一起進入烤箱烘烤，這時候就不需要進行盲烤，例如：P.117 的蛋塔。

小水果塔 ★★☆

小巧可愛的水果塔，生日宴會、野餐甜點推薦款。

做法往下一頁 ↓

【材料】 直徑 9 公分塔模 6 個

• 甜塔皮麵團
無鹽奶油 130 克、糖粉 50 克、鹽 2 克、全蛋 50 克、低筋麵粉 210 克、手粉（高筋麵粉）適量

• 卡士達醬
牛奶 340 克、細砂糖 65 克、全蛋 1 個、蛋黃 1 個、低筋麵粉 25 克、無鹽奶油 34 克、香草精 1/4 小匙

• 水果餡
奇異果 1 顆、火龍果 1 顆、罐頭水蜜桃 2 片、櫻桃 6 顆、杏桃果膠適量

【事先準備】

• 備好直徑 9 公分塔模 6 個、塑膠袋、保鮮膜
• 塔模內側薄塗奶油
• 烤箱以 180℃ 預熱

【做法】

製作甜塔皮麵團

1・奶油切小塊後放入盆中，攪拌至軟化（圖❶），加入過篩的糖粉、鹽，攪拌至看不見粉粒（圖❷）。

2・加入全蛋，攪打至略鬆發、看不到蛋液（圖❸）。

3・加入過篩的粉類材料，改用橡皮刮刀翻拌成團，還有一點粉狀即可停止（圖❹）。

4・麵團放入塑膠袋中壓扁，冷凍至少 20 分鐘（圖❺）。

整型、烘烤

5・麵團放在兩片保鮮膜中間，擀成 0.2 公分片狀，壓入塔模中（圖❻），多餘的部分切除（圖❼），邊緣用手指頭輕壓入模。

6・為了預防沾黏，手指頭沾上些許手粉操作。注意塔皮中間不可太厚。整型完成後用叉子在塔皮底戳出幾個洞（圖❽），鬆弛 15 分鐘。

7 · 放入烤箱烘烤 12 〜 14 分鐘，取出放在網架上降溫，小心地取出塔皮。

製作卡士達醬

8 · 牛奶、細砂糖放入湯鍋中，以小火煮至細砂糖溶解，關火。

9 · 全蛋、蛋黃和過篩的麵粉混勻，將做法 **8** 倒入攪拌，再倒回湯鍋中，一邊加熱一邊以擦底的方式攪拌，煮至沸騰後再煮 1 分鐘，關火，加入香草精、奶油拌勻。

組合

10 · 趁熱將卡士達醬倒入塔皮（圖 ❾），放於一旁降溫。

11 · 新鮮水果洗淨去皮切片，備用。

12 · 在冷卻後的卡士達醬表面塗抹杏桃果膠，水果表面也薄塗杏桃果膠後，排放在塔皮上（圖 ❿），放入冰箱冷藏冰涼後即可品嘗。

Points

1 · 製作塔皮時，不需要將奶油打發得很徹底，因為塔皮麵團太鬆發的話，會在烘烤過程中太過膨脹，導致塔皮變厚、變型。

2 · 剛烤好的塔皮很酥脆，千萬不要急著脫模，有可能導致破裂。

3 · 製作完成的塔皮如果沒有立刻使用，可以套入塑膠袋，放入冰箱冷凍保存。

4 · 卡上達醬煮好之後務必立刻倒入塔模中，否則冷卻以後會凝固變硬，不易入模。所以，建議等塔皮烤好並脫模之後，再開始煮卡士達醬。

巧克力塔 ★★☆

濃郁巧克力風味，這款點心鮮少有人不喜歡的。

保存：現做現吃、冷藏 5 天

【材料】直徑 9 公分塔模 6 個

・甜塔皮麵團
無鹽奶油 130 克、糖粉 50 克、鹽 2 克、全蛋 50 克（約 1 個）、低筋麵粉 200 克、奶粉 8 克

・巧克力甘納許
苦甜巧克力或牛奶巧克力 100 克、動物性鮮奶油 130 克、咖啡酒 30 克（可省略）、無鹽奶油 30 克

【事先準備】

- 備好錫箔紙、保鮮膜、直徑 9 公分塔模 6 個
- 塔模內側薄塗油脂
- 烤箱以 170℃ 預熱

【做法】

製作甜塔皮麵團
1・參照 P.112 的做法 **1**～**4** 製作甜塔皮麵團。

整型、烘烤、脫模
2・麵團放在兩片保鮮膜中間，擀成 1 公分片狀，用擀麵棍把麵團擀成厚度平均的片狀，直徑略大於模型直徑約 1 公分。

3・戴上塑膠手套，把塔皮放入模型，多餘的部分先切除，用手指頭輕推麵皮，讓塔皮邊緣的波浪狀整齊。如果塔皮太薄，取一些切掉的麵皮來補，剩下多餘的塔皮集合起來，冷凍保存，下一次使用。

4・塔皮表面蓋上直徑大於模型的錫箔紙，在紙上鋪滿豆子或重石，放入烤箱中層，烘烤 12～15 分鐘，烤到一半時，打開烤箱門將烤盤調頭。

5・取出放在網架上降溫，移除錫箔紙和豆子，摸摸塔皮中間的軟硬度，如果還有點潮濕，則不鋪錫箔紙續烤 2～3 分鐘，要確認中間都烤熟。塔皮完全冷卻後，脫模。

製作巧克力甘納許、組合
6・巧克力切碎或剝小片，放入盆中。鮮奶油、咖啡酒倒入湯鍋中加熱（圖❶），沸騰後關火（圖❷），立刻倒入巧克力盆中（圖❸），先靜置 5 分鐘，再以橡皮刮刀輕輕拌勻，讓巧克力融化。

7・加入奶油攪拌至融化（圖❹），即成巧克力甘納許（圖❺）。

8・將巧克力甘納許淋在塔皮內，放入冰箱冷藏 1 小時，或確認凝固。取出後，在表面撒少許防潮糖粉即可。

Points

1・這裡提供的甘納許份量（290 克）可能無法一次用完，剩餘的可以冷藏，平常可搭配烤吐司、冰淇淋、鬆餅等。

2・甘納許從冰箱取出的狀態非常黏稠，只需放在廚房溫暖處等待回到室溫，絕不可以直接加熱或是隔著滾燙熱水加熱。不過，可以隔著低溫的溫水幫助軟化。

3・天氣冷熱或是廚房溫度都會影響巧克力融化的速度，操作的時候應該隨時注意。

脆皮核桃塔 ★☆☆

薄脆的蛋白餅皮與核桃的咀嚼感，絕妙的組合！

保存：冷藏 3 ～ 5 天

【材料】 直徑 9 公分塔模 6 個

- **塔皮麵團**
低筋麵粉 150 克、奶粉 50 克、糖粉 100 克、鹽 1/2 小匙、全蛋 50 克（約 1 個）、無鹽奶油 100 克、手粉（高筋麵粉）適量

- **餡料**
蛋白 55 克、細砂糖 90 克、奶粉 1 大匙、葡萄乾 35 克、核桃粒 65 克

【事先準備】

- 備好保鮮膜、直徑 9 公分橢圓形塔模 6 個
- 奶油切小塊，冷凍備用。核桃放入乾鍋小火炒香，起鍋備用。
- 烤箱以 170℃ 預熱

【做法】

製作塔皮麵團

1·麵粉、奶粉、糖粉和鹽混合過篩在工作枱上或是大盆子中，全蛋打散加入混合，再加入奶油，用按壓的方式混合材料成團。

2·以保鮮膜覆蓋，鬆弛 20 ～ 30 分鐘（天熱時放入冰箱冷藏鬆弛）。

3·取出麵團放在兩片保鮮膜中間，擀成厚約 0.3 公分片狀。

塔皮入模

4·撕開保鮮膜，把塔皮蓋在模型上面，小心地壓入模型中，邊緣切割整齊。

5·如果塔皮在整型過程中太軟，放入冰箱冷藏 15 分鐘，再取出整型。剩餘的塔皮集合起來，用按壓的方式集合成團，鬆弛後再擀成薄片塔皮，繼續入模。

製作餡料、烘烤

6·蛋白放入乾淨的盆中，先以快速打至起泡，再分次加入細砂糖，以中速攪打，慢慢攪打至濕性發泡狀態。加入奶粉拌勻，再加入核桃粒、葡萄乾混合成餡料。

7·餡料填入塔皮，放入烤箱烘烤 25 分鐘，或直到表面金黃上色。

8·取出，放在網架上降溫，當塔模不燙手時即可脫模。

Points

奶油、麵粉的溫度越冰涼，塔皮就越酥脆。擀麵皮的過程可以薄撒手粉，預防沾黏。

蛋塔 ★☆☆

濃郁的布丁餡，重現兒時麵包店的傳統美味。

保存：冷藏 3 ～ 4 天

【材料】 50 克容量杯子蛋糕模 10 個

• 塔皮麵團

低筋麵粉 150 克、奶粉 50 克、糖粉 100 克、鹽 1/2 小匙、全蛋 50 克（約 1 個）、無鹽奶油 100 克、手粉（高筋麵粉）適量

• 布丁餡料

水 100 克、細砂糖 35 克、全蛋 100 克、蛋黃 20 克（約 1 個）、奶水或牛奶 100 克、香草精 1 小匙

【事先準備】

• 備好保鮮膜、小塔模
• 奶油切小塊，冷凍備用。
• 烤箱以 150℃ 預熱

【做法】

製作塔皮麵團、入模

1 · 參照 P.116 的做法 **1**、**2** 做好麵團。

2 · 取出麵團分成每個大約 25 克，揉成圓球，壓入模型中，以邊轉邊壓的方式，從中間開始按壓，再延伸至邊緣。如果塔皮在整型過程中太軟，放入冰箱冷藏 15 分鐘，再取出整型。

製作布丁餡料

3 · 將水、細砂糖放入湯鍋中，一邊加熱一邊攪拌直到糖溶解，關火。

4 · 全蛋、蛋黃和奶水混勻，加入香草精、做法 **3** 的熱糖水混勻，透過篩網過濾掉雜質，即成布丁餡料。

烘烤

5 · 模型擺在烤盤上，小心地將布丁餡料倒入模型中，放入烤箱烘烤 25 分鐘，或烤至布丁蛋液的中間不會晃動，塔皮周圍金黃上色。取出，放在網架上降溫，冷卻後即可食用。

Points 1 · 以中溫烘烤蛋塔，可以保持中間的雞蛋布丁不會太乾硬。

2 · 這個塔皮麵團可以放入冰箱冷凍 1 個月，想吃時隨時取出製作。

檸檬蛋白霜塔 ★★★

烤蛋白霜與微酸檸檬餡料的結合，讓這道甜點風味更具層次。

保存：冷藏 2 天

【材料】7 吋塔模 1 個

‧ 塔皮麵團

無鹽奶油 130 克、糖粉 50 克、鹽 2 克、全蛋 50 克（約 1 個）、低筋麵粉 200 克、奶粉 8 克

‧ 檸檬餡料

玉米粉 20 克、水 190 克、蛋黃 3 個、細砂糖 50 克、檸檬汁 75 克、檸檬皮末 1/2 個、細砂糖 60 克、牛奶 250 克

‧ 蛋白霜

蛋白 3 個、塔塔粉 1/4 小匙、糖粉 90 克

【事先準備】

- 備好 7 吋塔模、保鮮膜、錫箔紙、平口花嘴、擠花袋
- 塔模內側薄塗油脂、無鹽奶油冰凍
- 烤箱以 170℃（塔皮）、200℃（蛋白霜）預熱

【做法】

製作塔皮麵團

1‧奶油切小塊後放入盆中，攪拌至軟化（圖 ❶），加入過篩的糖粉、鹽，攪拌至看不見粉粒（圖 ❷）。

2‧加入全蛋（圖 ❸），攪打至略鬆發、看不到蛋液。

3‧加入過篩的麵粉、奶粉，改用橡皮刮刀翻拌成團，還有一點粉狀即可停止（圖 ❹）。

4‧麵團放入塑膠袋中壓扁，冷凍至少 20 分鐘（圖 ❺）。

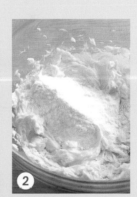

下一頁還有做法 ↓

塔皮入模、盲烤

5． 麵團放在兩片保鮮膜中間，先用手掌壓扁麵團（圖 **❻**），再用擀麵棍擀壓成厚 **0.2** 公分的片狀，大小要比模型寬多 **2** 公分（圖 **❼**）。

6． 撕掉表面的塑膠袋，直接拿起底部的塑膠袋（圖 **❽**），反扣在塔模上。隔著塑膠袋，輕沿塔邊緣，將塔皮推入塔模（圖 **❾**）。

7． 將塔模邊緣多餘的塔皮，往塔模內側壓，使塔皮貼整塔模（圖 **❿**），最後隔著塑膠袋，把塔邊緣擀平（圖 **⓫**）。

8． 在塔皮上鋪好烘焙紙，放入重石或豆子（圖 **⓬**），放入烤箱烘烤 **15 ～ 18** 分鐘，或塔皮邊緣已烤乾，但尚未金黃上色。

9． 取出烤好的塔皮，放在網架上降溫，移除烘焙紙、重石，確認塔的中心不濕黏（已烤乾）即可脫模，把塔皮放在網架上（圖 **⓭**）。

製作檸檬餡料

10． 玉米粉放入盆中，從 **190** 克的水中先取一點水加入，攪拌溶解。

11． 除了檸檬皮末之外，將所有材料倒入湯鍋中，加入玉米粉水，拌勻後以小火邊加熱邊攪拌，直到沸騰，加入檸檬皮末續煮 **2** 分鐘讓醬汁收汁、濃稠，關火。

12． 把檸檬餡料立刻倒入塔皮中，快速整平，放置降溫。

打發蛋白霜

13． 蛋白、塔塔粉放入乾淨的盆中，先以快速打至起泡，再分次加糖粉，以中速攪打，慢慢攪打至乾性發泡狀態。

14． 將蛋白霜填入裝了平口花嘴的擠花袋中，平均地擠在檸檬餡料上。

烘烤

15． 放入烤箱以 **200℃** 烘烤 **5 ～ 7** 分鐘，或是直到蛋白霜表面金黃上色即可。

Points

1． 如果不擅長操作花嘴，可以將蛋白霜平均塗抹在檸檬餡料表面，再以湯匙的背面將蛋白霜拉起尖嘴造型。

2． 蛋白霜上色的步驟可以用噴槍或是放入烤箱，烤箱可以讓蛋白霜整體均勻上色。

3． 檸檬餡料一定要在製作完成後立刻倒入塔皮，否則冷卻凝固後會變硬，不好整平。

約 2 公分

派皮
Q & A
常見小疑問

Q：常見的派皮分成哪幾種？

A： 一般常見派皮分成快速派皮、千層派皮和蛋糕式派皮。快速派皮做法最簡單且容易成功，它是以沙粒搓揉法將材料混合，反覆按壓，最後成團，過程中要特別小心別讓材料過度搓揉而出筋。千層派皮又叫「包酥式派皮」或「折疊派皮」，屬於進階版派皮，必須將麵團與奶油反覆擀開、折疊、擀開、折疊，過程中要熟練掌握溫度與技巧，屬於進階的烘焙課程。蛋糕式派皮就是「波士頓派」，其實波士頓派應屬於蛋糕類的分蛋式麵糊，只是因為最初烘焙師將麵糊倒入派模中烘烤，才有了這個名稱。

Q：如何選擇適合的派皮呢？

A： 依照自己的喜好與習慣運用即可，只要操作得當，烘烤後的成品都會香酥好吃。上述三種派皮中只有千層派皮要多加練習，其他兩款派皮都很容易學會。派不需派盤也可以製作，像P.124的無派盤點心蜜李派，派皮擀成大薄片之後，把餡料擺在中間，將周圍派皮向中心收起，形成一個開口派，既好吃又好做。

Q：派餡填入後，如何防止派皮變濕軟？

A： 派皮有時會因為填入派餡，或是冷藏而變軟，除非製作完成立刻食用，否則這個問題幾乎無法避免。如果是甜派皮，可以在盲烤後，**於表面塗刷融化的黑、白巧克力，利用巧克力會凝固的原理防止派皮變軟**。而鹹口味派皮，**可以預先盲烤至派皮變乾，但是尚未上色的階段**，同時填入的派餡要盡量收汁濃稠，可以避免派皮變潮濕，像是P.125的什錦菇鹹派和P.126的法式鹹派。

Q：每一款派皮點心都需要預先盲烤嗎？

A： 不論簡易派皮或千層派皮，都要依照派餡的種類決定是否要預先盲烤。一般來說，如果填入的是**生餡料＋生派皮，必須一起烘烤，就不需盲烤**。此外，例如P.123的南瓜派，屬於雙層派皮，直接一起烘烤，也不用盲烤。如果是**熟派餡＋生派皮，因為餡料已經熟了，所以只要盲烤派皮，烤完之後再填入熟餡料即可**。不過，派餡、派皮組合千變萬化，仍得視單款點心的特色、口感和組合有所調整。

PUMPKIN PIE

南瓜派 ★☆☆

綿密柔軟的南瓜是健康又美味的派餡,吃甜點無負擔。

保存:冷藏 5 天、冷凍 2 星期

【材料】 7 吋派模 1 個

• 派皮麵團
中筋麵粉 300 克、無鹽奶油 150 克、細砂糖 30 克、鹽 1 1/2 小匙、冰水 90 克、蛋液(塗抹用)適量、手粉(高筋麵粉)少許

• 餡料
南瓜泥 400 克、細砂糖 75 克、蜂蜜或楓糖漿 25 克、全蛋 50 克(約 1 個)、蛋黃 20 克(約 1 個)、動物性鮮奶油 50 克、鹽 1/2 小匙、肉桂粉 1/2 小匙、肉豆蔻粉 1/4 小匙、丁香粉 1/4 小匙

【事先準備】

• 備好 7 吋派模 1 個、保鮮膜

• 無鹽奶油冰凍。南瓜去皮、挖掉籽,肉蒸熟後搗成泥。

• 烤箱以 170℃ 預熱

【做法】

製作派皮麵團

1・麵粉放入大盆中或是工作枱上,加入細砂糖、鹽混合均勻,再加入切小塊的冰凍奶油。

2・以刮刀切、拌或用派皮處理器把材料切成沙粒狀,慢慢倒入冰水,用按壓和翻拌的方式混合成團。

3・將麵團整成方形,以保鮮膜包好,放入冰箱冷藏鬆弛 20 ～ 30 分鐘。

製作餡料

4・如果蒸好的南瓜泥太濕,可先入鍋炒乾,再加入細砂糖、蜂蜜、全蛋液、蛋黃、鮮奶油,以及鹽、肉桂粉、肉豆蔻粉和丁香粉混合拌勻。

組合、烘烤

5・取出派皮分成 2 等分,一份擀開成派底,以擀麵棍協助滑入派模中,使派皮與派模密合,在派皮上戳幾個小洞,然後填入餡料。

6・另一份派皮擀開用作派蓋,先用小刀在派皮的表面切割幾道開口,覆蓋在餡料的表面。將上下兩片派皮黏合,多餘的部分切掉。

7・派皮表面塗刷蛋液,放入烤箱烘烤 30 分鐘,或直到表面金黃上色,取出放在網架上降溫,可切片享用。

Points

1・南瓜泥放入夾鏈袋,可冷凍保存 2 個月。

2・覆蓋於上層派皮要切割幾道開口,是為了在烘烤過程,熱蒸氣得以散出。

PLUM GALETTE
蜜李派 ★☆☆

香酥的塔皮包裹著酸甜蜜李餡料，令人上癮的甜點。

保存：冷藏 4 天、冷凍 7 天

【材料】 7 吋大小 1 個

- **派皮麵團**

中筋麵粉 200 克、無鹽奶油 100 克、細砂糖 20 克、鹽 1 小匙、冰水 60 克、手粉（高筋麵粉）少許

- **蜜李餡料**

蜜李 300 克、細砂糖 35 克、檸檬 1 個

- **其他**

戚風或海綿蛋糕 7 吋 1 片、細砂糖 2 大匙、蛋液（塗抹用）適量

【事先準備】

- 備好烘焙紙
- 戚風或海綿蛋糕 7 吋 1 片，切薄片。
- 烤箱以 170℃ 預熱

【做法】

製作派皮麵團

1·參照 P.123 的做法 **1** ~ **3**，做好派皮麵團。

製作蜜李餡料

2·蜜李洗淨切開，去籽後切片；檸檬皮磨成末；檸檬切半後擠出汁。和細砂糖一起全部放入盆中混合拌勻。

整型、組合

3·工作枱上薄撒手粉，麵團放在兩片保鮮膜中間，擀成 0.2 公分片狀。

4·派皮中間以 7 吋圓模做一個淺界線，先鋪上蛋糕片，再把蜜李餡料放在這個界線內，然後把周圍的派皮向內蓋上，形成一個開口的派（圖 **❶**、**❷**）。

5·派皮塗刷蛋液（圖 **❸**），最後再撒上 2 大匙糖（圖 **❹**），放入烤箱烘烤約 35 分鐘，或直到派皮金黃上色。

6·連同烤盤取出，放在網架上降溫，略降溫後即可切片，溫熱食用。

Points 這個派皮的配方中不含蛋，所以烘烤的成品顏色偏淡，烘烤前務必在表面塗抹足夠的蛋液。

什錦菇鹹派

可當點心、主食的鹹派，可依喜好放入各種餡料。★☆☆

保存：冷藏 2 天、冷凍 2 星期

【材料】 8 吋派盤 1 個

• 派皮麵團
中筋麵粉 200 克、無鹽奶油 100 克、鹽 1 小匙、冰水 60 克、手粉（高筋麵粉）少許

• 餡料
什錦菇蕈 400 克、洋蔥 100 克、無鹽奶油 30 克、麵粉 1 大匙

• 淋汁
動物性鮮奶油 100 克、牛奶 100 克、白酒 2 大匙、鹽、胡椒粉各 1 小匙、義大利綜合香料 1 小匙

• 其他
巧達乳酪 65 克、瑪芝拉乳酪 35 克

【事先準備】

• 備好 8 吋派盤 1 個
• 烤箱以 170°C 預熱

【做法】

製作派皮麵團、盲烤

1 · 參照 P.123 的做法 1 ～ 3 做好派皮麵團。

2 · 工作枱上薄撒手粉，取出麵團，擀成厚約 0.2 公分的片狀，以擀麵棍協助滑入派模，使派皮與派模密合，切掉派模邊緣多餘的派皮，派皮上戳幾個小洞。

3 · 在派皮上鋪好錫箔紙，放入重石或豆子，放入烤箱烘烤 10 ～ 12 分鐘盲烤。取出烤好的派皮，放在網架上降溫，移除錫箔紙、重石，備用。

製作餡料

4 · 菇蕈類洗淨後瀝乾，洋蔥切小丁。

5 · 奶油放入平底鍋加熱融化，加入菇蕈、洋蔥翻炒，炒到菇類軟化出水時，撒入麵粉，翻拌均勻。

6 · 淋汁的材料混勻，淋在炒好的餡料上，翻炒讓材料沸騰，關火。

烘烤

7 · 餡料填入派皮，表面撒滿乳酪，放入烤箱烘烤 15 分鐘，或烤至表面乳酪金黃上色，取出，放在網架上降溫，切片享用。

Points

1 · 派皮預先盲烤至 7 分熟，填入餡料之後再烤至全熟，可避免派皮被派餡浸濕。

2 · 選擇在高溫下融化會牽絲的乳酪皆可，這類乳酪統稱「披薩乳酪」，也有人稱為「瑞士乳酪」。

QUICHE

法式鹹派 ★☆☆

豐盛的餡料與乳酪搭配塔皮，每一口都是滿足。

保存：冷藏3天、冷凍2星期

【材料】 8 吋派盤 1 個

‧ 派皮麵團
中筋麵粉 200 克、無鹽奶油 100 克、鹽 1 小匙、冰水 60 克、手粉（高筋麵粉）少許

‧ 餡料
馬鈴薯 400 克、培根 180 克、巧達乳酪 50 克、帕瑪森乳酪粉 1 大匙

‧ 蛋汁
全蛋 50 克（約 1 個）、動物性鮮奶油 50 克、牛奶 100 克、鹽、胡椒粉各 1 小匙、肉豆蔻粉 1/4 小匙

【事先準備】

- 備好 8 吋派盤 1 個
- 烤箱以 170°C 預熱

【做法】

製作派皮麵團
1‧參照 P.123 的做法 **1 ～ 3** 做好派皮麵團（圖 **①**）。

入模
2‧工作枱上薄撒手粉，取出麵團，先用手壓一下，擀成厚約 0.2 公分的片狀，先比一下模型大小，擀成適當大小，放入派模內（圖 **②**），邊緣整平。

製作餡料、蛋液
3‧馬鈴薯去皮後切薄片，浸泡清水洗去黏質，充分瀝乾；培根切小片。

4‧將培根、馬鈴薯和乳酪鋪入派皮中（圖 **③**）。

5‧蛋液的材料混勻，淋在餡料上（圖 **④**），最後撒上帕瑪森乳酪粉，以小刀修整派的邊緣（圖 **⑤**）。

烘烤
6‧放入烤箱烘烤 30 ～ 35 分鐘，或烤至表面乳酪金黃上色，取出，放在網架上降溫，切片享用。

Points

這是生派皮＋生派餡的傳統做法，為了確保派皮、派餡完全烤熟，烘烤時間會長一點。

Part3

慕斯×布丁×其他點心

MOUSSE×PUDDING×OTHER DESSERT

本書中最適合烘焙新手入門的甜點，推薦布丁、奶酪等軟式點心，成功率幾乎百分之百。而華麗美觀的慕斯則稍具難度，但只要具備基本技術，一樣難不倒你。另外，還挑選了這幾年最夯的經典糖果，像馬卡龍、馬林糖、可麗露和泡芙等法式時尚甜點，是烘焙新手精進、具烘焙基礎者能大展手藝的品項。

以下是這個單元中的甜點，作者以自己的經驗區分難易度，讀者可自行選擇製作！

慕斯、布丁
Q & A
常見小疑問

Q：如何區分吉利丁？

▲（上）吉利丁粉與（下）吉利丁片，是常見的凝固劑。

A： 吉利丁（gelatin）又叫「明膠」，是由豬皮提煉出的動物性膠質，專門用在食品添加物。吉利丁有片狀或粉狀，等級依黏性高低分級，等級越高價格越貴，黏性也最好。書中使用的是一般等級的片狀商品。但因有些人慣用吉利丁粉，所以用量上可能有所不同。例如：10 克的吉利丁片，改成吉利丁粉時，可能要 15 ～ 20 克。而且依品牌所需量不同，建議在操作前參照包裝說明換算。相反，如果使用等級最高的吉利丁片，所需的量就不需達到書中的足量，例如：10 克的吉利丁片，換成高等級的吉利丁片，只需要 5 ～ 6 克。此外，吉利丁片、粉都有使用期限，過期之後效果下降，使用之前要確認期限。

Q：可以用吉利 T 或果凍粉取代吉利丁嗎？

A： 當然可以取代，但是做法與配方都不同。**吉利 T、果凍粉都必須與果泥混合煮沸，才能產生黏性與作用**，吉利丁則不同。另外，吉利 T、果凍粉離開沸騰溫度後，不必降至冷藏溫度，很快就會開始凝固，而當果泥仍然高溫時加入鮮奶油，卻會導致打發的鮮奶油變回液體，少了空氣般蓬鬆輕柔的口感。因此如果想要用吉利 T、果凍粉取代吉利丁，配方與做法會改變。

Q：使用吉利丁時，要特別注意哪些地方？

A： 吉利丁可以用 2 種方式融化：**一是浸泡冷開水軟化之後，單獨隔水加熱融化；二是浸泡冷開水軟化之後，直接加入有溫度的液體內混合融化。**另外，這裡要提醒大家的是，吉利丁的融化溫度不可過高，控制在 70 ～ 80℃最恰當，過高的融化溫度會減弱吉利丁的凝固效果。

Q：如何選用鮮奶油？

A： 鮮奶油分成植物性、動物性和調合式。植物性鮮奶油用在蛋糕抹面、擠花；動物性鮮奶油用在夾心、慕斯、冰淇淋和烹調等；調合式鮮奶油則兩種都可以。鮮奶油開啟後要盡快使用完畢，以免過期敗壞。**鮮奶油只可以冷藏，不可冷凍。**用不完的動物性鮮奶油，可以做成奶油。鮮奶油的乳脂肪成分都有約 35%，是高熱量食材，喜歡慕斯蛋糕輕盈口感的族群，要小心攝取量。

提拉米蘇

TIRAMISU ★★☆

乳酪、咖啡酒融合的風味，是
義大利最經典的甜點。

保存：冷藏 3 天

【材料】直徑 12 公分慕斯框 1 個

- **乳酪餡料**
蛋黃 35 克（約 2 個）、細砂糖 40 克、蜂蜜
25 克、馬斯卡彭乳酪 250 克、打發的鮮奶
油 100 克、蛋白 65 克（約 2 個）、細砂糖
45 克

- **咖啡糖水**
濃縮咖啡 50 克、咖啡酒 20 克、糖水（1：1）
30 克

- **其他**
市售手指餅乾適量、防潮可可粉適量

【事先準備】

- 模型以錫箔紙包裹，模型底下墊一張
  厚紙板，可防止餡料晃動。

- 馬斯卡彭乳酪放置室溫下軟化

- 鮮奶油打至 8 分發，就是鮮奶油凝固
  不流動，但仍柔軟的狀態，冷藏備用。

【做法】

製作乳酪餡料

1·蛋黃、細砂糖混合放入盆中，隔水加熱攪拌
直到糖融化，而且蛋黃鬆發黏稠、顏色泛白，加
入蜂蜜拌勻。

2·加入軟化的乳酪拌勻，再加入鮮奶油拌勻。

3·蛋白倒入乾淨的盆中，先以快速打至起泡，
再分次加入細砂糖，以中速攪打，慢慢攪打至濕
性發泡狀態。蛋白霜加入做法 **2** 中拌勻。

製作咖啡糖水

4·將材料拌勻即可。

組合、冷藏

5·手指餅乾排入模型底（第一層），表面刷上
咖啡糖水，倒入 1/2 量的乳酪餡料，表面整平，

再排入手指餅乾（第二層），倒入剩下的乳
酪餡料，表面整平，放入冰箱冷凍 2 小時，
進行低溫殺菌。

6·凝固後取出放在冷藏退冰，食用前在表
面撒上可可粉，以噴槍快速燒一下慕斯框外
圍（外壁），或以熱毛巾包覆慕斯框外圍，
再小心脫模。

Points

1·糖水（1：1）的做法，是以 30 克的細砂糖、
30 克的水（相同重量）煮至沸騰，放涼後使用。

2·如果要做成脫模切片的樣式，可在蛋黃打發之
後，加入 5 片浸泡冷開水軟化後的吉利丁即可。

藍莓慕斯蛋糕

由多種食材層層製成的慕斯蛋糕，一次品嘗多種風味。

保存：冷藏 4 ～ 5 天

【材料】 直徑 9 公分慕斯框 3 個

‧ 慕斯餡料
蔓越莓汁 100 克、藍莓粒 75 ～ 90 克、細砂糖 65 克、蘭姆酒 5 克、吉利丁 5 克（約 3 片）、動物性鮮奶油 210 克

‧ 慕斯底
黑芝麻可可海綿蛋糕 7 吋（厚約 0.5 公分）2 片、糖水酒適量

‧ 果凍
藍莓粒 200 克、水 100 克、細砂糖 40 克、果凍粉 5 克

‧ 裝飾
新鮮藍莓適量、白巧克力 50 克、薄荷葉適量、糖粉少許

【事先準備】

‧ 備好溫度計、三明治擠花袋

‧ 慕斯模型直接壓入海綿蛋糕，讓模型底部的蛋糕形成阻擋慕斯外流的底座，模型外框以錫箔紙包覆。每個模型需 2 片，共需 6 片。

‧ 黑芝麻可可海綿蛋糕做法，可參照 P.31。

‧ 糖水（1：1）做法參照 P.131 的 points。糖水酒（1：1）的做法，是以糖水 50 克、蘭姆酒 50 克（相同重量）煮至沸騰，放涼後使用。

【做法】

製作慕斯餡料

1‧ 蔓越莓汁、藍莓粒放入果汁機打碎，倒入湯鍋中，加入細砂糖，以小火加熱煮至沸騰，續煮至略收汁，關火，加入蘭姆酒拌勻。

2‧ 吉利丁浸泡冷開水軟化，取出加入湯鍋中攪拌溶化，放一旁降溫備用。

3‧ 鮮奶油打至 6 分發，就是開始變濃，但仍會滴落的狀態，然後分次加入做法 2 拌勻。

組合慕斯蛋糕

4‧ 海綿蛋糕表面均勻塗抹或噴上糖水酒，倒入慕斯餡料至模型的一半高，再放入另一片海綿蛋糕體，再倒入餡料直到 9 分滿，放入冰箱冷凍 2 小時，或是直到慕斯凝固，移至冷藏。

製作果凍

5‧ 藍莓粒和水放入果汁機打碎，過濾出汁液倒入湯鍋中，加入混合的細砂糖、果凍粉拌溶，以小火煮至沸騰，關火。

6‧ 果凍液隔冰水攪拌降溫至 50℃，淋在凝固的慕斯蛋糕表面，形成厚 0.2 ～ 0.3 公分的果凍面，放入冰箱冷藏 1 小時或確認果凍凝結。

脫模、裝飾

7‧ 以噴槍快速燒一下慕斯框外圍（外壁），或以熱毛巾包覆慕斯框外圍，小心脫模。

8‧ 白巧克力切碎，放入鋼盆中，隔水加熱融化，倒入擠花袋中，袋口剪一個小洞，在凝固的果凍表面擠上數個大小不一的圓點。

9‧ 藍莓洗淨後徹底擦乾，表面撒上微量的糖粉。蛋糕表面以新鮮藍莓、融化的白巧克力和薄荷葉裝飾即可。

Points

1‧ 藍莓使用新鮮、冷凍或罐頭都可以。罐頭藍莓已經含有果汁，可以直接使用，不需配方中的蔓越莓汁。

2‧ 蔓越莓汁和藍莓混合打碎後，也可以不要過濾。過濾後的汁液口感清澈滑順，未過濾的則更具口感。

3‧ 清洗藍莓時，可將藍莓放入盆子，撒上適量麵粉輕輕搓揉，再以清水沖刷，即可洗去藍莓表面的白色霧狀。

抹茶慕斯蛋糕

清香回甘的抹茶很適合製作甜點，品嘗後清爽而不膩。

【材料】 16 公分正方慕斯模 1 個

- **慕斯餡料**

細砂糖 50 克、蛋黃 25 克、牛奶 200 克、吉利丁 5 克（約 3 片）、抹茶粉 4 克、動物性鮮奶油 150 克

- **慕斯底**

香草海綿蛋糕 7 吋（厚約 0.4 公分）2 片、糖水酒適量

- **裝飾**

植物性鮮奶油 100 克、白巧克力 50 克、抹茶粉 3 克、裝飾巧克力片適量

【事先準備】

- 備好溫度計、三明治擠花袋。
- 慕斯模型直接壓入海綿蛋糕，讓模型底部的蛋糕形成一片阻擋慕斯外流的底座，模型外框以錫箔紙包覆，共需 2 片。
- 香草海綿蛋糕做法，可參照 **P.29**。
- 糖水（1：1）做法參照 **P.131** 的 **points**。糖水酒（1：1）的做法，是以糖水 50 克、蘭姆酒 50 克（相同重量）煮至沸騰，放涼後使用。

【做法】

製作慕斯餡料

1・蛋黃、細砂糖混合放入盆中，隔水加熱攪拌直到糖融化，而且蛋黃鬆發黏稠、顏色泛白（圖❶）。

2・牛奶倒入湯鍋，加熱至 80℃，沖入做法 **1** 中拌勻，再整個倒回湯鍋，以小火一邊用橡皮刮刀加熱一邊攪拌，直到加熱至 80℃，立刻離火。

3・吉利丁浸泡冷開水軟化，取出加入湯鍋中攪拌溶化，加入抹茶粉攪拌溶化，過篩（圖❷），隔冰水降溫（圖❸）。

4・鮮奶油打至 6 分發，就是開始變濃，但仍會滴落的狀態，然後分次加入做法 **3** 拌勻（圖❹）。

組合慕斯蛋糕

5・海綿蛋糕表面均勻塗抹或噴上糖水酒，倒入全部慕斯餡料（圖❺），放入冰箱冷凍 1 小時，或是直到慕斯凝固。取出鋪上另一片蛋糕，移至冷藏。

切割、裝飾

6・以噴槍快速燒一下慕斯框外圍（外壁），或以熱毛巾包覆慕斯框外圍，小心脫模，切成長方塊。

7・鮮奶油放入盆中，隔冰水充分攪打至起泡硬挺的狀態，放入擠花袋，在蛋糕表面擠花。

8・白巧克力切碎，放入鋼盆中，隔水加熱融化，加入抹茶粉拌勻，然後倒入擠花袋中，袋口剪一個小洞，在蛋糕表面擠上線條。可再搭配市售巧克力片裝飾。

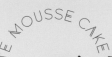

巧克力慕斯蛋糕 ✦✦✦

CHOCOLATE MOUSSE CAKE

濃醇巧克力與蘭姆酒香，好吃不膩的經典慕斯蛋糕。

保存：冷藏後食用、冷藏 3 天

【材料】 直徑 15 公分球形模 1 個

• 慕斯餡料
苦甜巧克力 150 克、蛋黃 20 克（約 1 個）、動物性鮮奶油 150 克、蘭姆酒或白蘭地 7 克

• 慕斯底
巧克力蛋糕 6 吋（厚約 0.4 公分）2 片、糖水酒適量

• 巧克力甘納許
苦甜巧克力 100 克、動物性鮮奶油 125 克、無鹽奶油 15 克

• 裝飾
巴瑞脆片適量、蜂巢糖片適量

【事先準備】

• 備好溫度計、三明治擠花袋
• 巧克力戚風蛋糕 2 片，一片與模型尺寸相同，另一片直徑小 1 公分。蛋糕做法可參照 P.23。
• 糖水（1：1）做法參照 P.131 的 **points**。糖水酒（1：1）的做法，是以糖水 50 克、蘭姆酒 50 克（相同重量）煮至沸騰，放涼後使用。

【做法】

製作慕斯餡料

1・鮮奶油打至 6 分發，就是開始變濃，但仍會滴落的狀態，冷藏備用。

2・蛋黃放入盆中，攪打至鬆發黏稠、顏色泛白。

3・苦甜巧克力放入乾淨的盆中，隔水加熱融化，加入做法 2 拌勻，加入做法 1 拌勻，最後加入蘭姆酒拌勻。

組合慕斯蛋糕

4・把 1/2 量的餡料倒入模型，放入小尺寸的蛋糕片，蛋糕片表面均勻塗抹或噴上糖水酒，再倒入剩餘的餡料，蓋上那片與模型同大小的蛋糕片，放入冰箱冷凍 2 小時，或直到慕斯凝結。

5・取出冰硬的蛋糕，把熱毛巾敷在模型上面略解凍，當慕斯蛋糕退去外層的低溫時，用手輕壓即可翻起脫模。

6・蛋糕立刻放在網架上，網架下方擺設一個大盤子或烤盤，放入冰箱冷藏。

製作巧克力甘納許、裝飾

7・巧克力切碎或剝小片，放入盆中。鮮奶油倒入湯鍋中加熱，沸騰後立刻倒入巧克力盆中，先靜置 1 分鐘，再以橡皮刮刀輕輕拌勻，讓巧克力融化，加入奶油攪拌至融化即可。

8・取出冷藏的慕斯蛋糕，將甘納許從蛋糕中心以畫圓的方式淋下，等待約 30 秒再淋一次。蛋糕放於一旁等待凝固，或放入冰箱冷藏凝結。

9・取出蛋糕，底部邊邊黏貼巴瑞脆片，表面以蜂巢糖片裝飾即可。

Points

1・在 25×15 公分的容器內鋪好錫箔紙，內部薄塗油脂，四個邊的錫箔紙要大於模型至少 5 公分。

2・將 200 克細砂糖、100 克玉米糖漿放入大且深的湯鍋中，以小火煮至呈淡褐色，關火。倒入 1 小匙小蘇打粉，以耐熱木匙輕輕攪拌，快速倒入模型中（左圖）。靜置一旁等凝固變硬，再剝成不規則小片，自製蜂巢糖片就完成了。

奶酪

滑嫩綿密的奶酪與各種水果搭配，美味又健康。

保存：冷藏後食用、冷藏 5 天

【材料】5 杯

- **奶酪液**
牛奶 250 克、細砂糖 50 克、吉利丁 3 片、無糖動物性鮮奶油 250 克、柑橘酒 15 克、香草精 1/2 小匙

- **裝飾**
罐頭水蜜桃 2 片、覆盆莓 6 顆

【事先準備】

- 備好模型，洗淨、瀝乾。

【做法】

製作奶酪液

1‧牛奶、細砂糖倒入湯鍋中加熱，攪拌直到細砂糖融化，關火。
2‧吉利丁浸泡冷開水軟化，取出加入熱牛奶中攪拌溶化。
3‧加入鮮奶油、柑橘酒和香草精拌勻成奶酪液。

入模、冷藏、裝飾

4‧將奶酪液舀入模型中，放入冰箱冷藏至凝固。
5‧水蜜桃切片，覆盆莓洗淨後擦乾，切片。兩種水果裝飾在奶酪表面即可。

Points

1‧使用高品質的全脂牛奶製作，奶酪的口感會更綿密、香氣更濃郁。
2‧吉利丁的品質依照黏著度、亮澤感區分，所以也反映在價格上，通常奶酪用一般等級的即可。

焦糖布丁 ★☆☆

焦糖獨特的甜蜜與香氣，是搭配布丁的最佳選擇。

保存：冷藏後食用、冷藏 3 天

【材料】每個 90c.c. 的布丁杯 9 杯

• 焦糖液

細砂糖 100 克、水 30 克、熱水 30 克

• 布丁液

牛奶 500 克、細砂糖 50 克、全蛋 4 個、
蛋黃 2 個、香草精 1/2 小匙

【事先準備】

- 備好 90c.c. 的布丁杯 9 杯、錫箔紙
- 玻璃布丁杯放入大湯鍋，注入冷水至滿，以瓦斯爐加熱，煮至沸騰後續煮 1 分鐘，關火。以不鏽鋼夾子取出布丁杯倒扣風乾，或放入烘碗機內徹底烘乾。
- 有深度的烤盤 1 個
- 隔水蒸烤，烤箱以 160℃ 預熱。

【做法】

製作焦糖液

1· 細砂糖放入小鍋中，加入水浸濕砂糖，以小火煮至糖融化（不要攪拌），續煮至呈褐色，關火。謹慎地倒入熱水（此步驟要特別小心），慢慢攪拌至無糖粒即可。

2· 杯子放在有深度的烤盤上，把焦糖液倒入杯子，因為焦糖液很燙，要小心謹慎。

製作布丁液

3· 牛奶、細砂糖倒入湯鍋中，以小火加熱，攪拌直到糖融化即可關火，不需沸騰。

4· 全蛋、蛋黃加入打散，熱牛奶分次緩緩加入，輕輕攪拌。牛奶蛋液以細目篩網過濾，可過濾 2～3 次，讓蛋液更細緻，加入香草精拌勻。

入模、蒸烤

5· 布丁液倒入杯子至約 9 分滿（約 80c.c.），表面蓋上錫箔紙，然後倒入約 1 公分高的溫水（水浴蒸烤法），烤約 35 分鐘，確認布丁蛋液凝固即可取出。

Points

1· 煮焦糖時特別危險，切勿讓家中嬰幼兒靠近。

2· 焦糖煮得顏色過深，會有苦澀味，建議煮成淡琥珀色即可。

3· 烤到第 25 分鐘時掀開錫箔紙檢查，如果布丁表面膨起，代表烤溫太高，必須降溫，大約降 10℃。

CRÈME BRULÉE

烤布蕾 ★☆☆

略苦的焦糖搭配滑嫩的布蕾，熱熱地吃最好吃。

保存：現做現吃、冷藏 2 天

【材料】 直徑 7 公分耐烤陶瓷容器 3 個

牛奶 150 克、細砂糖 50 克、動物性鮮奶油 300 克、蛋黃 70 克（約 4 個）、香草精 1/2 小匙、柑橘酒 1 小匙、細砂糖或二砂糖（撒表面用）1 大匙

【事先準備】

- 備好耐熱陶瓷容器 3 個、錫箔紙
- 有深度的烤盤 1 個、杯子內側薄塗油脂
- 隔水蒸烤，烤箱以 150℃ 預熱。

【做法】

製作布蕾液

1・牛奶、細砂糖倒入湯鍋中，以小火加熱，攪拌直到糖融化即可關火，加入鮮奶油拌勻。

2・蛋黃打散，將做法 1 倒入蛋黃中，輕輕攪拌，加入香草精、柑橘酒拌勻成布蕾液。

3・將布蕾液以細目篩網過濾，可過濾 2 ～ 3 次，讓蛋液更細緻。

入模、蒸烤

4・布蕾液倒入，表面蓋上錫箔紙，然後倒入約 1 公分高的溫水（水浴蒸烤法），烤約 20 分鐘，確認布蕾液凝固即可取出。

5・表面平均撒上細砂糖（圖❶），再次放入烤箱，以上火 250℃ 烤 3 ～ 4 分鐘，或是使用噴火槍把表面炙燒呈金黃色亦可（圖❷）。

Points

1・撒入細砂糖時，可以先撒入滿滿一層糖，接著將多餘的糖倒出，即可在布蕾表面形成一層漂亮的糖衣。

2・這道點心適合熱熱地吃，尤其用湯匙輕敲烤布蕾表面的脆糖衣，是這道點心的重頭戲。

櫻桃克勞芙蒂

CHERRY CLAFOUTIS

將滿滿的櫻桃放入蛋奶麵糊中烘烤，是法國有名的地方甜點。

保存：現做現吃、冷藏 1 天

【材料】 6 吋圓形耐熱烤模 1 個

・麵糊
全蛋 50 克（約 1 個）、蛋黃 20 克（約 1 個）、無糖動物性鮮奶油 125 克、細砂糖 50 克、鹽 1/2 小匙、低筋麵粉 15 克

・餡料
新鮮或冷凍櫻桃 100 ～ 150 克、蘭姆酒 2 大匙

【事先準備】

- 備好 6 吋圓形耐熱烤模 1 個
- 耐熱烤模內側薄塗油脂、新鮮櫻桃去核
- 烤箱以 160℃ 預熱

【做法】

製作麵糊

1・櫻桃淋上蘭姆酒浸漬，備用。

2・全蛋、蛋黃倒入盆中打散，加入麵粉拌勻（圖❶）。

3・加入細砂糖、鹽拌勻，最後倒入鮮奶油拌勻。

入模、烘烤

4・把櫻桃連同浸漬的汁液倒入模型中（圖❷），再倒入麵糊。

5・放入烤箱烘烤 35 分鐘，取出放在網架上略降溫，或是等冷藏後再享用皆可。

Points

1・新鮮或冷凍櫻桃皆可製作這道點心。冷凍櫻桃使用前，先放在廚房紙巾上吸乾多餘的水分。

2・這道點心簡單、易做，高品質的材料是美味重點。一定要使用新鮮雞蛋、純天然新鮮的動物性鮮奶油，可提升風味與質感。

3・配方中的蘭姆酒不僅可去除蛋腥，還能增加清淡酒香。也可改用白蘭地、柑橘酒或香草精。

冷藏麵糊點心
Q & A
常見小疑問

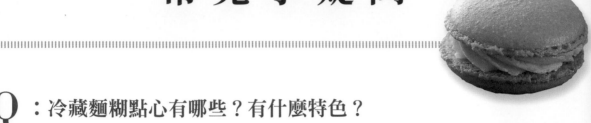

Q：冷藏麵糊點心有哪些？有什麼特色？

A： 冷藏麵糊的特色是不需用力地攪拌，只要把材料適度混合均勻，透過低溫長時間靜置，讓麵糊自行糊化，促使烘烤後的點心口感綿密、香甜，適合完全沒有烘焙經驗的初學者，成功率相當高。但是這類點心**只適合單獨的小模型，不適合烤成一個大的蛋糕**，所以建議有興趣製作的讀者準備專用模型，例如：瑪德蓮貝殼模型、金融家（費南雪、金磚蛋糕）方形金磚模、可麗露模型，或是使用小尺寸的杯子蛋糕模型製作也可以。

Q：麵糊最久可以冷藏多久？可以冷凍嗎？

A： 麵糊最久建議不要冷藏超過 24 小時，畢竟麵粉在冷藏的溫度中容易老化，短時間冷藏是因為麵粉被奶油、蛋、糖等材料包覆，共同組織成網狀結構，但是時間過久，會呈現疲乏狀態，再新鮮的材料都會風味盡失，反而導致餿敗、壞掉或無法膨脹。至於冷凍並非不行，只是建議家庭式設備的讀者不要嘗試，因為需要高階的極速冷凍設備。

Q：取出的冷藏麵糊直接就可以烘烤嗎？

A： 麵糊從冷藏取出之後，**建議回復與室溫相同的溫度即可烘烤；如果以溫度計來測試，大約 18℃ 即可。**取出放置大約 10 ～ 15 分鐘，即可達到這個溫度。如果放太久，使得麵糊的溫度升高，會導致麵糊油水分離。一旦油水分離，這份麵糊就不建議烘烤，要重新製作一份麵糊了。

Q：為什麼烤好的成品，組織會有氣孔？或是沒有膨脹？

A： 從冰箱取出冷藏麵糊準備烘烤前，**只要輕輕攪拌一下，讓麵糊均勻即可，千萬不要過度攪拌，以免烘烤後的成品會有過多的氣孔、口感不佳。**此外，麵糊在烤箱內如果膨脹不如預期，可能是烤溫不夠，或是麵糊冷藏過久，導致雞蛋的新鮮度下降，無法順利膨脹。

CANELÉ

可麗露 ✦✦✦

酥脆的焦糖表層與 Q 彈卡士達內
餡，形成的經典的法式甜點。

做法在下一頁 ⬇

【材料】 可麗露專用模型 16 ～ 18 個

- **麵糊**
全蛋 150 克、蛋黃 25 克、低筋麵粉 180 克、牛奶 700 克、無鹽奶油 30 克、香草莢 1 根、細砂糖 320 克、深色蘭姆酒 75 克

- **其他**
天然蜂蠟適量

【事先準備】

- 備好烤盤 2 個、保鮮膜、厚棉布手套、錫箔紙、可麗露專用模型

- 烤箱以 200℃ 預熱

【做法】

製作麵糊

1・全蛋、蛋黃放入盆中打散（圖 ❶）。

2・低筋麵粉過篩，然後全部加入做法 1 中，拌勻成麵糊（圖 ❷）。

3・香草莢縱向剖開後，取出香草籽，香草莢不要丟（圖 ❸）。

4・將牛奶、細砂糖、香草籽、香草莢和奶油倒入湯鍋中（圖 ❹、❺），以小火煮到奶油融化，關火。

5・將做法 4 過篩分次加入麵糊中攪拌均勻。（圖 ❻、❼）。

6・最後加入蘭姆酒拌勻，蓋上保鮮膜（圖 ❽），放入冰箱冷藏隔夜（至少鬆弛 6 小時以上），讓麵糊進行低溫鬆弛（熟成）的程序。

入模、烘烤

7·蜂蠟放入乾淨的鍋中,以小火加熱融化成液體。

8·戴上手套,把蜂蠟倒入模型至滿,再迅速倒出(圖 **9**、**10**),使模型內壁形成一層蜂蠟膜。建議每次操作 2 ~ 3 個模型較順手,蜂蠟形成的厚薄度也會剛好(圖 **11**)。

9·從冰箱取出麵糊,撈出香草莢,並且再次把香草莢內的籽刮乾淨放入盆中,麵糊再次拌勻。

10·烤盤鋪 2 層錫箔紙,模型內填入麵糊 9.5分滿(圖 **12**),放入烤箱烘烤 25 分鐘,取出,戴上手套輕敲模型,讓膨脹的麵糊縮回(圖 **13**、**14**)。模型換至另一個乾淨的烤盤,再次放入烤箱烘烤 30 分鐘。

11·取出可麗露,逐一翻轉倒出檢查蛋糕是否出現「白頭」,如果有,繼續烘烤 10 分鐘,直到蛋糕整體均勻上色,即可脫模,然後放在網架上降溫即可。

Points

1·沒有蜂蠟的話,可以塗抹融化奶油,塗兩遍,讓模型內側形成厚厚一層奶油壁。此外,滿是蜂蠟的烤盤在出爐後要立刻處理乾淨,否則一遇低溫就會開始凝固,變得非常結實,難清理。

2·「白頭」的意思是當可麗露翻轉脫模時,有凹凸波浪紋的那一端沒有上色,呈淺色。這時要立即把可麗露套回模型,放入烤箱繼續烘烤。

3·烘烤時換烤盤的原因,在於烘烤傳統蜂蠟可麗露的過程中,模型內的蜂蠟會不斷露出,滴落在烤盤上,如果沒有換新的乾淨烤盤,最終會烤得整台烤箱產生黑煙,這是蜂蠟在高溫烘烤的最終產物,所以一定要換乾淨的烤盤。

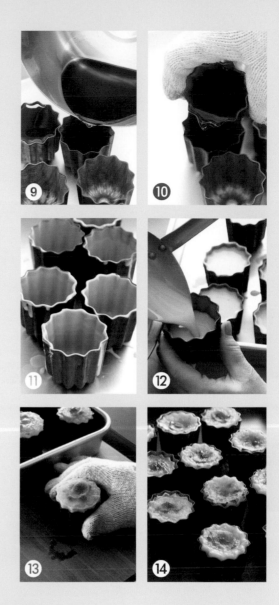

CREPES

千層薄餅 ★☆☆

麵糊以低溫冷藏發酵製作，餅皮香氣更濃郁、口感愈加細緻。

保存：冷藏 2 天、冷凍 7 天

【材料】直徑 22 公分約 16 片

· 餅皮麵糊

低筋麵粉 350 克、鹽 4 克、無鹽奶油 60 克、牛奶 660 克、細砂糖 80 克、全蛋 200 克（約 4 個）、蘭姆酒 40 克、沙拉油（塗抹用）適量

· 卡士達醬

牛奶 300 克、細砂糖 60 克、低筋麵粉 18 克、玉米粉 12 克、全蛋 50 克（約 1 個）、香草精 1/4 小匙、無鹽奶油 45 克

· 其他

7 吋海綿蛋糕（厚 0.5 公分）1 片

【事先準備】

· 7 吋海綿蛋糕（厚 0.5 公分）1 片，做法參照 **P.29**。
· 備好不沾黏平底鍋、鍋鏟、保鮮膜
· 瓦斯爐以小火預熱平底鍋

Points

1·預熱平底鍋很重要，預熱夠，薄餅就可以煎出漂亮的虎皮紋。

2·平底鍋上抹的沙拉油只需薄薄地平均覆蓋，不可太多。此外，煎的過程中如果發現有黏鍋，就再次薄塗一層沙拉油。

【做法】

製作麵糊

1·低筋麵粉、鹽混合過篩入盆中。奶油隔水加熱融化，備用。

2·牛奶倒入湯鍋中，加入細砂糖，以小火加熱至糖溶解即可關火，不需沸騰。

3·全蛋打散，加入牛奶鍋中攪散，最後加入融化奶油、蘭姆酒拌勻，即成液體材料。

4·將液體材料倒入混合的麵粉和鹽中，用網狀攪拌匙拌勻，以細目篩網過濾到另一個乾淨的盆中，蓋上保鮮膜靜置鬆弛 30 分鐘。

煎薄餅

5·平底鍋洗淨擦乾，放在瓦斯爐上以小火烘至微熱。廚房紙巾沾上沙拉油，均勻塗抹平底鍋表面。

6·確實攪拌麵糊，每次倒入薄薄一片的量，轉動鍋子讓麵糊平均覆蓋鍋面。當麵皮表面起水泡，可掀開檢查上色，若表面金黃上色即可起鍋，放在平盤上，以布蓋好，再繼續煎下一片，直到全部麵糊用完。

製作卡士達醬

7·牛奶、細砂糖放入湯鍋中，小火煮至沸騰，關火。

8·麵粉、玉米粉過篩入盆中，加入全蛋混合攪拌，倒入做法 **7** 拌至溶化，整個再倒回湯鍋，以小火邊加熱邊擦底攪拌，煮至沸騰、冒泡泡時關火，加入香草精、奶油拌勻。

9·降溫後，卡士達醬表面緊貼一層保鮮膜，放入冰箱冷藏直到冰涼。

組合

10·轉枱上放海綿蛋糕，鋪上一片薄餅，表面抹上 1 大匙卡士達醬，均勻抹開，繼續鋪薄餅、抹醬、鋪薄餅、抹醬，一層一層堆疊，直到餅皮用完即可。

MADELEINE
瑪德蓮 ★☆☆

烤出膨膨的肚臍，出爐時最開心！

保存：室溫 2 天、冷藏 14 天

【材料】 12 入貝殼蛋糕模 1 盤

· 麵糊
全蛋 75 克、糖粉 90 克、檸檬皮或柳橙
皮碎 1 個、低筋麵粉 75 克、無鋁泡打
粉 2～3 克、無鹽奶油 75 克、鹽少許、
柑橘酒 1 小匙

· 其他
苦甜巧克力 50 克、無鹽奶油（塗抹用）
少許、高筋麵粉（模型用）適量

【事先準備】

· 烤盤抹油、撒粉
· 烤箱以 180℃ 預熱

【做法】

製作麵糊

1 · 糖粉過篩，加入檸檬皮碎拌勻。

2 · 全蛋放入盆中打散，加入做法 **1**，用低速攪打，讓糖粉融化即可，不必將蛋打發。

3 · 麵粉、泡打粉混合過篩，加入做法 **2** 中拌勻，動作要輕，以免出筋。

4 · 奶油、鹽混合，隔水加熱融化，再慢慢倒入做法 **3** 中，輕柔攪拌。

5 · 最後加入柑橘酒拌勻成麵糊。麵糊蓋上保鮮膜，放入冰箱冷藏至少 4 小時，最久可以隔夜。

入模、烘烤

6 · 將塗抹用的奶油隔水加熱融化，用毛刷薄塗一層在模型中。透過細目篩網，輕輕將高筋麵粉撒在模型上，再將多餘的粉拍出。

7 · 取出冷藏的麵糊略微攪拌，恢復至室溫後，舀入模型中至 8 分滿，放入烤箱烘烤 13～14 分鐘，至表面金黃上色且膨起成凸狀，即可取出蛋糕，稍微降溫後脫模。

8 · 巧克力切碎放入盆中，隔水加熱融化，蛋糕的一端沾上融化巧克力，放在烘焙紙上等待凝固即可。

Point 磨碎檸檬皮時，切勿連同白色的膜也磨入，會造成苦味。

馬林糖 ★☆☆

小巧可愛的馬林糖，外層酥脆、口感輕盈。

保存：室溫 1 天、冷凍 2 個月

【材料】

蛋白 100 克、塔塔粉 0.5 克、細砂糖 100 克、檸檬汁 1/2 小匙、紅和黃色食用色素適量

【事先準備】

- 烤箱以 100℃ 預熱（炫風模式）、烤盤鋪烘焙紙
- 1 公分平口花嘴 2 個、擠花袋 2 個

【做法】

製作麵糊

1·蛋白、塔塔粉放入乾淨的盆中，先以快速打至粗粒泡沫狀，再分次加入細砂糖，以中速攪打，慢慢攪打至乾性發泡狀態。

2·加入檸檬汁，快速拌勻成麵糊。

3·擠花袋內放入花嘴，袋內也分別抹上色膏。

擠麵糊、烘烤

4·麵糊倒入擠花袋中，擠在烤盤上，擠滿之後放入烤箱烘烤 90 ～ 120 分鐘，或是烤至馬林糖底部不沾黏烘焙紙即可。

Points

1·馬林糖烘烤的時間和糖的尺寸相關，小巧的糖只需約 45 分鐘，如幼童巴掌大的糖則需要 90 ～ 120 分鐘。

2·千萬不可高溫烘烤，一旦馬林糖表面上色就代表失敗了。出爐靜置後若發現黏手，還可以放入烤箱，繼續以 100℃ 以下低溫烘乾；或是把烤好的糖果放在烤箱內，利用餘溫繼續把糖烘乾亦可。

3·馬林糖如果烤得夠乾，可以放在室溫保存很久，但如果保存環境偏潮濕，無法保證室溫保存的狀況，建議放在冷凍庫。

法式馬卡龍

顏色繽紛、外脆內軟的馬卡龍，搭配咖啡、茶飲最適合。

【材料】約 10 組

- **餅殼**
杏仁粉 85 克、糖粉 150 克、蛋白 100 克、細砂糖 50 克、食用色膏黃色適量

- **美式奶油霜**
無鹽奶油 100 克、糖粉 200 克、香草精 1 小匙、鮮奶油 2 大匙

【事先準備】

- 白報紙、擠花袋、直徑 1 公分以下的平口花嘴、烤盤、矽利康烤墊

- 蛋白務必先取出退冰，如果是冬天，建議隔溫水以提高溫度。

- 烤箱以 150℃ 預熱

【做法】

製作餅殼麵糊

1・在烤盤上鋪一般防黏烤紙。烘焙新手在白報紙上畫出數個直徑 2.5 公分的圓圈，以利掌控麵糊尺寸，畫好之後鋪在烤墊上（圖❶）。

2・杏仁粉、糖粉分別以細目篩網過篩，再混合備用（圖❷）。

3・蛋白放入乾淨的盆中，先攪打至濕性發泡狀態，接著以每次加入 1 大匙細砂糖，攪打至乾性發泡（圖❸）。

4・蛋白分 3 次加入做法 2 中，混合攪拌直到光滑（圖❹），加入色膏拌勻（圖❺），即提起刮刀麵糊呈緞帶狀下墜（圖❻）。

擠麵糊、烘烤

5・麵糊倒入裝了平口花嘴的擠花袋中，擠在烤盤上（圖❼），擠完之後記得將白報紙抽出。麵糊在室溫下放置，直到表面乾燥不黏手。

6・放入烤箱烘烤 15 ～ 20 分鐘，取出烤盤放在網架上降溫，冷卻後將馬卡龍取下（圖❽）。

製作美式奶油霜

7・奶油切小塊放入盆中，等軟化之後，加入過篩的糖粉，打至鬆發。加入香草精、鮮奶油拌勻即成。

組合

8・奶油霜填入擠花袋，袋口裝入擠花嘴或剪一個開口。取 2 片餅殼，中間擠入美式奶油霜，夾起即可（圖❾）。

Points

1・麵糊的流動性是判斷麵糊是否成功的重要因素。如果麵糊太乾，擠麵糊時會感到阻力，這時得添加少許濕性發泡蛋白霜；如果麵糊太濕，擠入烤盤時，麵糊會不受控制持續流下，這時，要添加少許杏仁粉。正確的麵糊應該是舀起時，會自然緩慢地流下，如同緞帶般的薄片狀。

2・這個配方成功的機率很高，建議不要自行增減份量，尤其是細砂糖。但杏仁粉的份量務必多準備一些，可做備用。

義式馬卡龍 ★★★

近年來最紅的時尚甜點，送禮、自用的最佳選擇。

ITALY MACARON

保存：冷藏 2 天、冷凍 7 天

【材料】直徑 4 公分約 10 組

· 餅殼
杏仁粉 125 克、糖粉 125 克、蛋白 90 克、細砂糖 125 克、水 50 克、塔塔粉 1/8 小匙

· 焦糖醬
細砂糖 200 ～ 210 克（1 杯）、無鹽奶油 85 克、動物性鮮奶油 120 克（1/2 杯）、海鹽 3 克

· 其他
紅色食用色膏適量

【事先準備】

· 白報紙、擠花袋、直徑 1 公分以下的平口花嘴、烤盤、矽利康烤墊

· 蛋白務必測量精準，使用前先取出退冰，如果是冬天，建議隔溫水以提高溫度。

· 烤箱以 150°C 預熱

【做法】

製作餅殼麵糊

1 · 在烤盤上鋪一般防黏烤紙。烘焙新手在白報紙上畫出數個直徑 2.5 公分的圓圈，以利掌控麵糊尺寸，畫好之後鋪在烤墊上。

2 · 杏仁粉、糖粉分別以細目篩網過篩，再混合備用。45 克的蛋白加入盆中，仔細混合成偏硬的杏仁膏，備用。

3 · 細砂糖、水倒入湯鍋中，以小火煮至 120°C（圖 **❶**），當糖水 100°C 開始沸騰，將 45 克的蛋白、塔塔粉放入乾淨的盆中，打至濕性發泡，備用。

4 · 熱糖漿煮至 120°C 後離火，緩緩倒入濕性發泡蛋白中（圖 **❷**），攪拌器此時以慢速持續攪打，糖漿完全倒入之後，再轉快速續打至蛋白呈白膠的黏稠狀（圖 **❸**），停機。此時蛋白的溫度大約 40°C。

5 · 加入食用色素拌勻，調成喜歡的深淺色，然後一次全部倒入杏仁膏的盆中，仔細以「翻、壓、翻、壓」的方式拌合（圖 **❹**、**❺**）。

下一頁還有做法 ↓

6. 麵糊必須混合至看不見任何顆粒或未攪勻的杏仁膏，麵糊舀起時呈緞帶般，片狀滑落的狀態，不能太稀或太硬，同時表面光澤細緻（圖 **6**）。

擠麵糊、烘烤

7. 麵糊倒入裝了平口花嘴的擠花袋中（圖 **7**），擠在烤盤上，雙手拿烤盤稍微敲一下桌子（圖 **8**）擠完後記得將白報紙抽出。麵糊在室溫下放置，直到表面乾燥不黏手（圖 **9**）。

8. 放入烤箱烘烤 12 ～ 15 分鐘，取出烤盤放在網架上降溫，冷卻後可輕鬆取下馬卡龍。

製作焦糖醬

9. 細砂糖倒入寬口的鍋中，讓細砂糖可以攤開成薄薄一片，受熱較均勻。

10. 開中小火，慢慢將細砂糖煮融化，直到淡褐色，關火，立刻加入奶油，攪拌融化。

11. 接著倒入鮮奶油，再次開火，讓材料再次沸騰，關火，最後加入鹽調味。

12. 焦糖醬完成後隔水降溫，等到降至室溫，再放入冰箱冷藏，約可保存 2 個星期。

組合

13. 焦糖醬填入擠花袋，袋口裝入擠花嘴或剪一個開口。取 2 片餅殼，中間擠入焦糖醬，夾起即可。

Points

1. 過篩用的篩網務必使用細目（細孔），才能取得最細的杏仁粉。而且過篩時切勿用手擠壓，以免堅果摩擦出油。

2. 蛋白務必預先自冰箱取出退冰。如果冬天，建議隔溫水以提高溫度。

3. 義式馬卡龍的做法雖然比法式蛋白霜複雜，但是這個配方的成功率高，建議新手嘗試。正常烘烤到第 5 分鐘開始，成功的麵糊會開始出現裙邊，失敗的麵糊可能出現裂痕、膨起卻沒有裙邊等狀況，這個時間很關鍵。剛開始裙邊會漲到最高，裙邊出現之後就要小心上火，有些烤箱此時得稍微調降上火的溫度，大家要依照自己的烤箱特性調整。

4. 餅殼烤得越乾，裙邊縮小越多，同時餅殼也會偏實心。烤的時間不足，則無法將餅殼從烤盤紙上取下，必須再放入烤箱以下火續烤。

5. 矽利康烤墊的效果最好，其次是可重複使用的烘焙紙。

奶油泡芙 ★★☆

香脆的泡芙殼佐香滑奶油餡，令人滿足的美味。

保存：泡芙殼冷凍 1 個月、夾餡泡芙冷藏 1 天

【材料】約 20 個

- **泡芙殼**
無鹽奶油 75 克、水 125 克、鹽 1 克、低筋麵粉 100 克、全蛋 180 克、糖粉（撒表面用）適量

- **鮮奶油卡士達醬**
牛奶 300 克、細砂糖 60 克、香草精 1/4 小匙、低筋麵粉 18 克、玉米粉 12 克、蛋黃 50 克、無鹽奶油 45 克、動物性鮮奶油 300 克、細砂糖 24 克

【事先準備】

- 烘焙紙、擠花袋、直徑 1.5 公分平口花嘴、菊形花嘴
- 烤箱以 200℃ 預熱

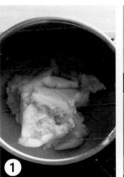
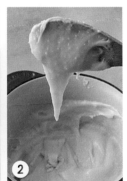

【做法】

製作泡芙殼麵糊

1·奶油、水和鹽放入湯鍋中以小火加熱，直到奶油融化、材料沸騰，關火。

2·加入過篩的麵粉，拌成糊狀，再次開火，把麵糊炒熟，炒至鍋底出現一層黏膜，或麵糊成團不沾鍋邊（圖❶），關火。

3·把麵糊放入盆中，以溫度計測量，當降至約 65℃ 加入蛋液，一邊加入一邊攪拌，等所有蛋液加入，拌好的麵糊滑落時會呈倒三角狀（圖❷）。

擠入麵糊、烘烤

4·將麵糊填入裝了平口花嘴的擠花袋中，花嘴以 90 度角度擠在烤盤上（圖❸），擠成圓形，麵糊之間的距離相等。若麵糊表面因擠花袋收口而造成的尖起，可用沾濕的手指頭輕壓（圖❹）。

5·放入烤箱烘烤 25 分鐘，或表面金黃上色，取出放在網架上降溫，再橫向切出一道開口。

製作鮮奶油卡士達醬、組合

6·參照 P.147 的做法 **7**～**9** 做好卡士達醬。鮮奶油倒入盆中，加入細砂糖打至 6 成鬆發。將打發的鮮奶油分次加入冰涼的卡士達醬，輕輕拌合成鮮奶油卡士達醬。

7·把鮮奶油卡士達醬填入裝了菊形花嘴的擠花袋中，擠入泡芙內的空洞填滿，最後表面撒上糖粉即可。

Cook50177

不失敗甜點配方與實作關鍵 Q & A
烘焙新手變達人，千錘百煉的必成功配方、20
年實做 Q & A 精華

作者	王安琪
攝影	林宗億
美術設計	許維玲
編輯	彭文怡
行銷	石欣平
企畫統籌	李橘
總編輯	莫少閒
出版者	朱雀文化事業有限公司
地址	台北市基隆路二段 13-1 號 3 樓
電話	02-2345-3868
傳真	02-2345-3828
劃撥帳號	19234566 朱雀文化事業有限公司
e-mail	redbook@ms26.hinet.net
網址	http://redbook.com.tw
總經銷	大和書報圖書股份有限公司 （02）8990-2588
ISBN	978-986-96718-4-2
初版一刷	2018.09.15
定價	380 元
出版登記	北市業字第 1403 號

＊甜點協力製作：陳衍儒、張馥亘、林香君

國家圖書館出版品預行編目

不失敗甜點配方與實作關鍵Q＆A：烘焙
新手變達人，千錘百煉的必成功配方、
20年實做Q＆A精華
／王安琪著——初版—— 臺北市：朱雀
文化，2018.09
面；公分 ——（Cook50；177）
ISBN 978-986-96718-4-2 （平裝）
1. 點心食譜
427.16　　　　　　　107015268

About 買書

●朱雀文化圖書在北中南各書店及誠品、金石堂、何嘉仁等連鎖書店均有販售，如欲購買本公司圖書，建議你
直接詢問書店店員。如果書店已售完，請撥本公司電話（02）2345-3868。

●● 至朱雀文化網站購書（http：／ ／ redbook.com.tw），可享 85 折起優惠。

●●●至郵局劃撥（戶名：朱雀文化事業有限公司，帳號 19234566），掛號寄書不加郵資，4 本以下無折扣，
5～9 本 95 折，10 本以上 9 折優惠。